JN219155

中国少数民族地域の資源開発と社会変動

――内モンゴル霍林郭勒（ホーリンゴル）市の事例研究――

民族地区资源开发与社会变迁―以内蒙古霍林郭勒市的建设为例

Mining, Ethnicity and Communal Development:
A Case Study of Inner Mongolia's Mining City of Huulingol

包宝柱

Bao Bao zhu

集
広
舎

下記の通り誤りがありましたこと、お詫び申し上げます。

▶　5頁

誤）テンゲリ（勝格里）　　　　正）テンゲリ（騰格里）

▶　140頁の「図4-2　ジャロード旗の中のバヤンオボード村の位置」

図4-2　ジャロード旗の中のバヤンオボート村の位置

中国少数民族地域の資源開発と社会変動
――内モンゴル霍林郭勒(ホーリンゴル)市の事例研究――

目　次

まえがき

近年、中国経済の急成長により、資源エネルギーの需要が急速に増加し、少数民族地域でも資源開発ブームが起こっている。それにより、モンゴル草原においてもいたるところで採掘が行われている。しかし、このことが、大気汚染、水質汚濁、草原の破壊、公害問題などの環境問題を深刻化させている。つまり、こうした地下資源開発は、人類を育む自然環境を破壊し、その結果、人間の生命までをも奪いかねない状態にまで追い込んでいることを自覚すべきだ。改めて原点に戻り、人間とはどうあるべきかを見つめ直さなければならないのではないだろうか。

もちろん、中国政府もこれらの問題を意識している。2017年の中国共産党第十九回全国代表大会では、生態文明体制改革を加速させ、美しい中国を建設するために、「グリーン発展を推進すること、環境問題の解決に力を入れること、生態システムの保護を強化すること、生態環境の規制体制を改革すること」など、環境問題の解決や生態システムの保護を最重要課題として取り上げた。しかし、北京の大気汚染をはじめ、テンゲリ（勝格里）沙漠汚染など、中国各地において環境汚染は未だ深刻な状態にある。そのうえ、食の安全、過度な農薬の使用などについても注目されるようになり、問題が山積していく印象がぬぐえない。かつて、アメリカの海洋生物学者レイチェル・カーソンは『沈黙の春』（1962年）の中で、農薬などの化学物質により春になっても小鳥の声が聞こえない沈黙した春が来るようになる、と農薬の危険性をいち早く警告していた。『沈黙の春』が世界を震撼させた頃、日本では水俣病をはじめとする四大公害病が世を賑わしていた。化学物質の危険性が知らしめられたわけである。それから、半世紀以上経った現在の中国では、いまだに農薬という化学物質を人間の口に入る農作物の上に、多量にまき散らし続けている。人類が持続可能な社会の中で生存し続けていくためには、化学物質の危険性に対して向き合い、早急に解決の道を探っていかなければならない。その意味において、本書はきわめて意義深いものだと言えるだろう。

本書は、地下資源開発がブームとして盛り上がっている少数民族地域、とりわけ内モンゴル自治区ホーリンゴル炭鉱の開発過程で起こった一連の問題を取り上げている。この問題を通して、中国の地下資源開発による社会・環境問題を読み解こうという試みである。そこには、『沈黙の春』と同様に、数々の化学物質の危険性が引き起こす社会・環境問題も存在しているのだ。

本書では、まず、第１章と第２章にて、中国少数民族の概況、並びに内モンゴル全体の地下資源開発事情、生産建設兵団と資源開発の関係などについて確認する。だが、本書で力点が置かれているのは、それ以降の章である。

第３章と第４章は、モンゴル人が、かつての資源開発による大きな社会変動に対して如何に適応していったのかという課題について論じている。つまり、炭鉱都市ホーリンゴル市の建設に伴って、隣接する地元の地方政府は行政区画の再編を行い、牧草地と牧畜業の維持をはかった。牧民たちもさまざまな工夫をし、狭くなった牧草地に移動放牧を継続しながら生き抜いている姿を論じている。これらのことは、市場経済とグローバリゼーションの荒波を乗り越えるために必要な知恵であり、小康社会の全面的な実現と社会主義現代化強国の建設にも役に立つことだろう。

第５章と第６章では、現在の地下資源開発が地域住民に与えた影響について詳述している。資源開発ブームによってこれまで以上に関連事業が拡大され、新たな環境問題や公害問題は深刻化していく一方だ。資源開発は少数民族の生活を向上させるものとして行われているが、その実態はかえって少数民族の生存を脅かしている。つまり、牧民たちの生活を支えてきた牧草地が以前に増して収奪されていくだけではなく、環境汚染による直接的な被害が家畜の群れの中に現れるようになったのだ。今後は、近隣で暮らしている牧民たちにも健康被害が出てくるのではないかと懸念される。要するに、地下資源開発は自然や草原を破壊するだけでなく、そこで暮らし続けてきた少数民族たちを「適応不能」な状態に追い込み、彼らの生存権を脅かそうとしているのだ。

開発によって世界の国々では、多くの人々が物質的に以前より高い生活水準を享受するようになった。この点は、否定しがたい事実である。だが、良いことばかりではないことにも、真摯に目を向けるべき段階に来ているのではないだろうか。開発による環境悪化は、人類の生存を脅かすほどに自然環境を破綻させている。連年の干ばつ、特大洪水などの自然災害も、人間による開発活動と無関係ではない。そのうえ、こうした大規模な災害は多くの人命を奪っていく。現在のところ、中国の少数民族地域における環境悪化は、そうした大規模な悲劇を産んではいないかもしれない。しかし、私たちの身辺にまで押し寄せている、という自覚が必要であろう。持続可能な社会を維持し続けるためには、私たち一人ひとりが社会・環境問題を意識し、責任を持って行動していかねばならなくなっているのだ。

筆者は少数民族地域における地下資源開発の現場やその周辺を繰り返し訪れた。その際、激変する中国社会を生き抜こうとするために、現場の人々による伝統的知恵を生かす姿や工夫を目の当たりにすることができた。そこで、当事者の視点から人々の姿を描くように留意した。本書が、ますます深刻になる社会・環境問題の理解や解決に少しでも役に立つことを願ってやまない。

2018年3月
内モンゴル自治区通遼市にて
包　宝柱（ボォウジュー）

前言
（まえがきの中国語訳）

近年，随着我国经济的快速增长，矿产资源的需求迅速增加，在少数民族地区也掀起了资源开发热潮。由此，蒙古草原各处肆意采矿，空气、水、牧草场被污染、生态环境问题变得更加严重。这样的资源开发，破坏了孕育人类的自然环境，结果导致人类生命也陷入了危险之中。因此，不忘初心，必须重新审视人类现在的生存方式。

当然，我国政府也开始意识到这些问题。中国共产党第十九届全国代表大会报告明确指出，加快生态文明体制改革，建设美丽中国，还从“推进绿色发展、着力解决突出环境问题、加大生态系统保护力度、改革生态环境监管体制”等方面作出具体部署，这充分彰显了党和国家对生态保护和环境问题的高度重视。但是，包括北京在内的一些地区大气污染（雾霾）、腾格里沙漠的环境污染等，中国各地的环境问题仍处于严重的状态。除此以外，食品安全、农药的过度使用等也引起了人们的关注。

过去，美国海洋生物学家蕾切尔 · 卡逊在其《寂静的春天》(1962年）中，用严谨求实的科学理性精神和敬畏生命的人文情怀，描述了由于农药等化学物质的使用，春天到了，没有小鸟歌唱，只有一片寂静覆盖着的村庄情形。这让我们提前了解了环境破坏可能带来的危害与恐惧。《寂静的春天》震惊世界的时候，在日本，包括水俣病在内的四大公害病深受世人关注。可以说化学物质的危险性被知晓。但半个多世纪过去了，我国还在将农药等化学物质用于人类食用的农作物的栽培。为了人类能够在可持续性社会中生存下去，必须正确面对化学物质的危险性，尽快寻找解决的途径。这是我们每个人责无旁贷的使命。从这个意义上来说，本书具有重大现实意义。

在本书中，描述了地下资源开发的少数民族地区，尤其是在内蒙古自治区霍林郭勒煤矿建设过程中发生的一系列问题。通过这个问题，试图解读中国地下资源开发引起的社会环境问题。像《寂静的春天》中描述的那样，在那里也存在着各种化学物质引起的危险性等社会环境问题。

本书在第 1 章和第 2 章中，首先描述了中国少数民族地区的概况、内蒙古地下资源开发情况以及生产建设兵团和资源开发的关系等问题。

第 3 章和第 4 章论述了蒙古人如何适应由于资源开发而引起的巨大社会变动的问题。也就是说，随着煤碳城市霍林郭勒市的建设，邻近的地方政府进行行政区划重组，保护牧草场，维持畜牧业。同时讨论了牧民们通过各种各样的办法，在狭小的牧场上继续维持游牧生存的现状。这些都是蒙古族牧民面对市场经济和全球化的浪潮时能使用的聪明才智，也有助于全面建设小康社会和建设社会主义现代化强国。

第 5 章和第 6 章详细叙述了当今地下资源开发给当地居民带来的影响。随着资源开发规模的扩大，相关工业不断增多，新的环境问题和公害问题日益严重。虽然资源开发的目的是提高少数民族的生活水平，但实际情况却是威胁着少数民族的生存。也就是说，支撑着牧民生活的牧草地不仅比以前更加减少，而且因资源开发导致的环境污染影响着家畜健康。今后，人们还担心，生活在工矿附近的牧民们也会出现健康问题。总之，地下资源开发不仅破坏了自然和草原，而且还使生活在那里的少数民族陷入“无法适应”的状态，甚至侵害他们的生存权。

在世界各国，通过开发利用自然资源，人们的物质生活水平显著提高。这一点是难以否定的事实。但是，也应该认真对待开发问题。由于开发破坏了自然环境，导致环境恶化，甚至威胁到了人类的生存。连年干旱、特大洪水等自然灾害也与人类的开发活动不无关系。大规模灾害也会夺走很多人的生命，大自然向人类亮出了“黄牌”。目前，我国少数民族地区的环境恶化越来越严重，所以，有必要提高警惕，早日觉醒，认识到问题的严重性。为了维持可持续性发展，我们每一个人都要认识环境问题，必须负起责任去行动。

笔者多次调查了少数民族的地下资源开发地域及其周边地区。那时，我们看到了人们发挥传统的智慧，在急剧变化的中国社会中求生存的现状。因此，注意到了从当事人的视角来阐述人们的生活和生存方式的重要性。衷心祝愿本书能对越来越严重的社会环境问题的认识和解决有所帮助。

2018 年 3 月
在内蒙古自治区通辽市
包宝柱

図0−0　中国の主な民族分布図

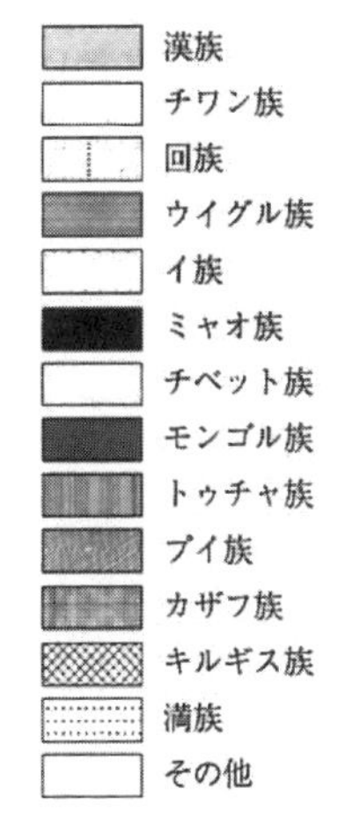

出典：『民族の世界地図』文藝春秋、平成12年より筆者作成

序章
問題意識と位置付け

問題意識と研究の背景

本書は、地下資源開発が進む中国の少数民族地域である内モンゴル自治区を事例に、地域社会がどのように変動しているかを明らかにするものである。本研究の背景を知るためにまず、2011 年の 5 月 11 日に起こったある象徴的な事件をとりあげたい。

内モンゴル自治区シリンゴル（錫林郭勒）盟の西ウジュムチン（烏珠穆沁）旗[1]は、炭鉱開発が急速に進んでいる地域である。そこである遊牧民 1 人が石炭を積んだ漢族が運転するトラックにひき殺されるという事件が起こった。この事件は、ある牧民が牧草地を昼夜問わず無断で走行する漢族の石炭運搬トラックを阻止しようとし、トラックの前に立ちふさがったところ、漢族の運転手がそのモンゴル人牧民をそのままひき殺して逃げた、というものである。

この事件をきっかけに、内モンゴルの各地でモンゴル人による大規模な抗議活動が相次いで発生した。さらに、このデモは内モンゴル全土にまで広がっただけでなく、モンゴル国をはじめ、世界各国でモンゴル人による中国政府に対する抗議活動が行われた。これを受けて、中国政府はデモの鎮静化をはかるため、迅速に動いた。ひき殺された牧民の遺族に賠償金を支払うことや容疑者の身柄を拘束することを発表した。内モンゴル自治区のトップである自治区共産党書記の胡春華[2]は、事件の発生現場であり大規模なデモが続く西ウジュムチン旗に駆けつけ、デモに参加した教員や学生との対話を行った。そして、西ウジュムチン旗党書記を更迭し、司法手続きを経て容疑者の漢族運転手には死刑、助手席に同乗していた者に無期懲役の判決をそれぞれ言い渡した。一方で、内モンゴル各地で起きたモンゴル人によるデモに対して、多数の警官や武装警察を投入し、「臨戦態勢」で臨んだ。特に、公園やモンゴル族が多く通う学校に対する警戒が強化され、携帯のネット接続も制限された。中には、一部地域において戒厳令が敷かれるほどであった。こうして、モンゴル人によるデモが延べ20日間にわたって行われ、次第に鎮静化していくことになった[3]。

さて、今回のデモの原因は単にひき逃げ事件に対する不満だけではない。その背景には資源開発問題も密接に関係している。このように資源開発が民族問題にまで発展するケースは、ほかの少数民族地域でもしばしば見られる。その多くが、少数民族側が社会的弱者として、マジョリティ側から何らかの「搾取」を受けているという状況にあるのだ。

内モンゴルの場合、モンゴル族が暮らしの頼りにしてきた牧草地が「搾取」の対象であった、と言える。とにかく資源開発ブームによって内モンゴルの牧草地が次々と姿を消している。本研究で論じるホーリンゴル（霍林郭勒）もその一例だ。牧草地は、牧畜を生業の中心とするモンゴル族にとって、生活そのものであると言っても過言ではない。つまり、牧草地を破壊する行為は牧畜を営んでいるモンゴル牧民の生存を脅かすものであり、彼らの最低限の権利を否定しているに等しい。しかも、ひき逃げによって一人のモンゴル人若者の命まで奪われている。実は、こうした資源開発による「搾取」行為は、2011年のデモが発生する以前から存在していた。本研究の動機は、こうした資源開発によって生じる少数民族地域における諸問題を、学術的に位置づける必要性があると感じたところにある。

少数民族地域における開発の目的は、資源開発によって豊かな生活を実現し、それによって、少数民族の政府に対する抵抗や分離独立の思想を撲滅させる狙いがある、という意見がある[4]。しかし、上記のデモの経緯からも分かるように、少数民族地域における資源開発は、結果として彼らの生活を豊かにするものではなく、かえって少数民族の不満や反発を高めているのではないか、と考えられる。

確かに、中国経済の急成長にともない、少数民族地域の経済も急成長している。この点では、中国政府が少数民族地域で進めている資源開発によ

図 0–1　中国少数民族自治区の 2006 年と 2010 年の GDP の比較

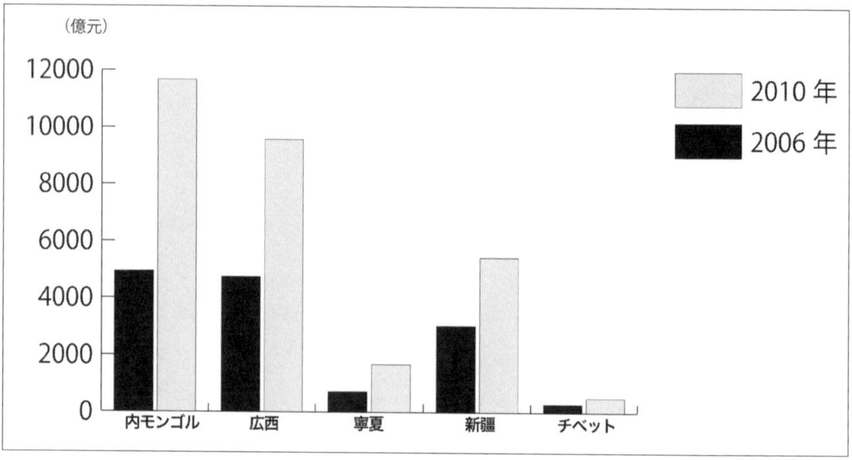

（億元）
12000
10000
8000
6000
4000
2000
0
2010 年
2006 年
内モンゴル　広西　寧夏　新疆　チベット

出典：『中国統計年鑑 2011 年』の電子版をもとに筆者作成。

る効果と言えるのかもしれない。図 0–1 は中国の 5 つの少数民族自治区における 2006 年と 2010 年の GDP の成長状況を示したものである。図 0–1 からこれらの少数民族自治区の GDP が、2006 年に比べると 2010 年には大幅に増加したことを見て取ることができる。しかし、これらのデータをそのまま鵜呑みにすることはできない。もし、このデータの通り、少数民族地域における経済が発展しているとするならば、なぜ西ウジュムチンの牧民は自分の命を捨ててまで、炭鉱開発のトラックの前に立ちふさがったのであろうか。この点が大きな疑問として残る。このような少数民族地域の GDP の成長状況を示すデータは、中国政府による水増しがあり、GDP の上昇をデータで示すことで少数民族の「反発や抵抗」を弱めようとするねらいがある、という見解もある[5]。

また、仮にこの図 0–1 が示す通り少数民族地域の GDP が急成長していたとしても、本研究で詳しく論じるが、少数民族地域における資源開発のほとんどが地方政府と大企業の結託によって行われており、その主役は漢族と言わざるを得ない。したがって、資源開発による利益が少数民族の人々の利益になっているとは思えない。言い換えるならば、少数民族地域は豊かなエネルギー資源を有しているにもかかわらず、大規模な資源開発による利益を享受できていないのである。図 0–2 は、2010 年の中国各省・市・自治区の GDP の状況を比較したものである。図 0–2 からは中国各省・市・自治区の中では、少数民族が集中的に居住している 5 つの自治区や地域の GDP は後ろから数えられる順位に甘んじていることが分かる。このように、私が少数民族地域における資源開発に深く関心を持つようになったのは、少数民族地域は「地大物博」(土地は広大、資源は豊か) と言われているにもかかわらず、少数民族の人々は貧しい生活を送っており、豊かな資源が生活向上に寄与していないことに疑問を覚えたからである。

図 0–2　中国の各省・市・自治区における GDP の比較 (2010 年)

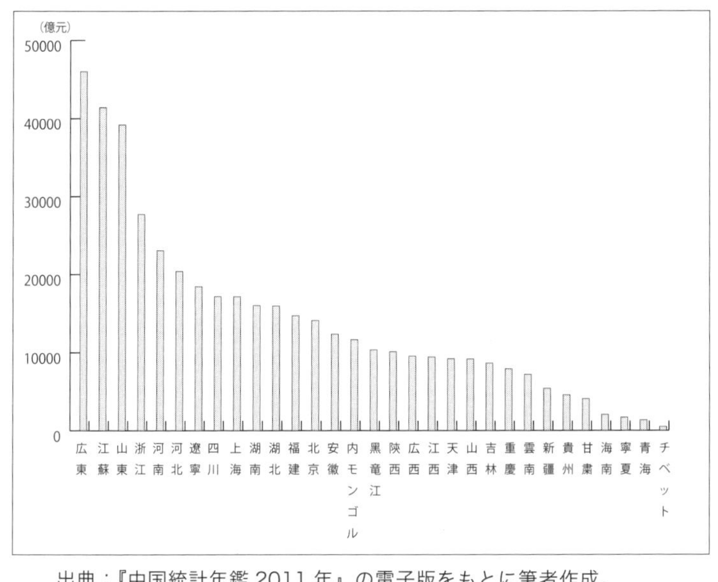

出典 :『中国統計年鑑 2011 年』の電子版をもとに筆者作成。

近年、中国やインドなどの新興国と呼ばれている国々の経済の急成長に伴い、資源エネルギーの需要が急速に拡大し、世界各地で資源エネルギーの開発権を獲得する戦いが激化している。そのため、中国は隣国の資源大国であるモンゴル国はもちろんのこと、アフリカや東南アジアの豊富な資源を有する発展途上国に進出し、そこで資源争奪戦に乗り出すと同時に、資源外交にも力を入れている。

国内においては、少数民族地域における地下資源開発に一層力を入れており、その結果、少数民族地域において資源開発のブームが起こっている。この資源開発が形容できないほど大規模に行われているため、少数民族地域の広い草原、広大な牧草地が、次々と以前の面影すら分からなくなっている。それほどまで近代的な工業団地や都市に変貌するなど、大きな社会変動を引き起こしている。こうした社会変動は、少数民族社会の在り方を大きく変えると同時に、今後についても予想できない状況となっている。したがって、少数民族地域における資源開発を研究の対象とし、資源開発によって少数民族社会は如何に変化しているのかを示し、少数民族社会の今後を展望することが重要になってきているのではなかろうか。

では、「開発」とは一体何を指すものであろうか。第二次世界大戦後、植民地支配から独立した国々において、「開発独裁」という形態で「開発」が重点的に行われた。これらの国々は独立後国家建設や経済開発を行い、新たな政治思想や開発体制を模索した。特に、アジア、アフリカ、ラテンアメリカなどの多民族・多宗教・多文化圏の国々が多民族を束ねて国全体の統合をはかるために、「開発」は実に都合のよいものであった。このような開発主義は「工業化の推進を軸に、個人や家族や地域社会ではなく、国家や民族などの利害を最優先させ、そのために物的人的資源の集中的動員と管理を図ろうとするイデオロギー」であると言われている[6]。この種の「開発」の目的は国家の統治力を強化し、経済を成長させ、国民の生活を向上させることにある。しかし、結果的に必ずしもそうなっていない場合も多く、それらは現在にいたるまで多くの問題を抱えたままである。

中国の場合はどうであろうか。多民族国家である中国においても、「開発」は国家の統合を支える重要な役割を有している。中華人民共和国建国当初から、辺境の少数民族地域が中国の重要な原材料の供給地として位置づけられてきた。つまり、そもそも少数民族の居住地域は豊富な地下資源を有し、「開発」を行ううえで重要な場所であった。ところが、少数民族の人々は豊かな地下資源の恩恵を享受できていたとは言い難い。いったい、なぜ享受できないでいるのだろうか。そこにはどんな問題があるのだろうか。そして、この地下資源開発が少数民族地域に如何なる影響を与えているのだろうか。これらのことは、検討すべき重要な課題である。

そこで本研究では、まず中国政府が少数民族地域において行ってきた地下資源開発が、具体的にどのように行われているかを炭鉱都市ホーリンゴル市の事例から明らかにする。そうしたうえで、地下資源開発がホーリンゴル市及びその周辺地域にどのような影響を与えているかを総合的に分析していきたい。それと同時に本来牧畜・狩猟などを営みながら生計を立ててきた少数民族であるモンゴル人が地下資源開発によって、その社会経済的地位がますます弱体化していく社会構造を明らかにしたい。

ただし、本研究は中国共産党政権が進める地下資源開発政策を一方的に批判しようとするものではない。ここでは、まず地下資源開発が行われている当該地域における文献資料、データ資料、聞き取り調査に基づき、でき得る限り客観的に論じることを目的としている。中国の目覚ましい経済成長は世界各国から注目を集めている。そのような中国の一部として統合されている少数民族の居住地域がどのような状況にあるのか。あるいは、経済成長を支えるために進められている資源開発とは如何なるものである

図 0–3　中国の中の内モンゴル自治区の位置

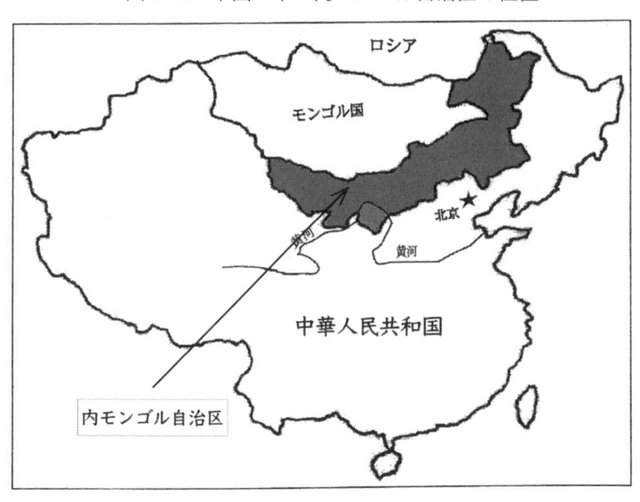

か。こうした問題意識から、本研究では、中国の少数民族地域を対象地域に定めたのだ。

本研究の対象地域は、少数民族地域の中でも特に内モンゴル自治区である。内モンゴル自治区は中国の北部辺境に位置し（図0–3を参照)、北部にロシアとモンゴル国にそれぞれ隣接している。自治区の地形は北東から南西に細長く、東北部に大興安嶺山脈が南北に横切り、南部に陰山山脈と黄河を境として高原が広がっている。自治区面積は118万3千平方キロで、中国では新疆ウイグル自治区、チベット自治区に次いで3番目の広さを有している。自治区の総人口は2010年現在2,472.18万人で、少数民族自治区とはいえ漢族が総人口の78.3%を占めており、モンゴル族はわずか18.0%弱を占めるに過ぎない[7]。しかし、「内モンゴル自治区」という地名からも分かる通り､モンゴル族はこの地域におけるいわゆる「主体的民族」である。また、彼らはこの地域に早くから根を下ろし、この地域の自然や資源と共に生きてきた。ところが、昨今の資源開発は彼らに十分な利益分配が行われているとは言えない状況にある。

内モンゴル自治区を対象に研究を行う理由は次の通りである。第一に、内モンゴルは中国初の少数民族自治区であり、少数民族政策を先導する場としての役割を果たしてきた点をあげることができる。資源開発に関しても建国後間もなく包頭において鉄鉱床が発見され、これに伴い建設された包頭市が各少数民族地域における工業化のモデル的な存在となっている。このことからも、内モンゴル自治区は少数民族地域における資源開発政策を先導する場であることが分かる。

第二に、中国の少数民族自治区の中で経済の成長が最も高く（図0–2を参照)、ほかの自治区と比べると比較的に政治的や経済的にも安定している点があげられる。資源エネルギーが豊富で且つ資源開発が盛んに行われており、少数民族地域における資源開発による社会変動を見るうえでも欠かせない存在だとも言える。

第三に、大規模な資源開発により、2009年に内モンゴル自治区の石炭生産量は山西省を抜き全国第一位となった[8]。石炭だけでなく、多くの鉱物資源の鉱床が次々に発見されるなど内モンゴル自治区の各地で大規模な開発プロジェクトは、今後も引き続き行われ続けるものと思われる。そして、このような資源開発は大きな社会変動を引き起こしており、ほかの少数民族地域社会の今後を占ううえでも重要である。

こうした資源開発の一環として、内モンゴルに建設されたのが、本研究の対象地域である炭鉱都市ホーリンゴル市である。本研究では、ホーリンゴル市を事例に草原の真ん中に炭鉱都市が建設されたことに伴う、牧草地から追い出されたモンゴル人社会の変化と石炭開発による土地紛争、環境汚染などを考察する。そもそもホーリンゴルの牧草地は、ジャロード（扎魯特）旗北部地域のモンゴル族が遊牧する夏営地であった。しかし、この地域で石炭鉱脈が発見され、開発が始まると、モンゴル人牧民の牧草地が炭鉱側によって占有されるようになってしまう。そして、その規模は徐々に拡大していった。その後ホーリンゴル炭鉱の開発が本格化されるにつれて、1985 年にホーリンゴル市が建設され、そしてその都市の規模は急速に膨張していった。こうした中、炭鉱開発による牧草地の更なる占有を恐れたジャロード旗政府は牧草地を保護する目的で、炭鉱側の占有地に接するジャロード旗管轄の牧草地地帯に、緩衝地帯として新たに数多くの牧畜村を設置し、炭鉱側の占有地拡大の防波堤の役割を負わせた。ところが、新設の牧畜村に移住させられた牧民たちは、牧草地の縮小化と大興安嶺の寒冷な地帯で越冬するという２つの課題を突き付けられた。ある意味で牧草地を保護するために炭鉱都市ホーリンゴル市に近づいてきた彼らは、限られた牧草地を草刈り地と放牧地に分けるなど牧草地を巧みに利用し、家畜も大型家畜から小型家畜へ変えるなどの方法で、新しい課題に対応した。さらに、彼らは隣接する都市社会とも関わりを持ちながら生計を立てていくことになる。ところが、炭鉱の拡大はその後も続き、わずかに残った牧草地の中にも炭鉱関連の企業などに占有される事例が後を絶たない。これらの勝手な牧草地の収奪に牧民たちは反発しており、土地紛争が頻繁に起こっている。牧草地の収奪は、牧民の生活を窮地に追い込むことに等しいものだ。また、炭鉱関連企業であるアルミニウム工場の稼働や大規模発電所などによる多様な工業活動によって新たな環境汚染が深刻化し、牧民の生活に大きな打撃を与えている。本研究は、これらの問題について論じるものである。

先行研究と本研究の位置付け

資源開発研究は、すでに様々な学門分野から多様なアプローチにより行われており、数多くの研究実績が蓄積されている。

そもそも、「開発」とは、植民地主義の延長線にあるもので「正義」を他者に押し付ける側面がある。例えば、川田順造は「開発が、人類の生んだ文化の一部として、現在のような意味を帯びるようになった背景には、15、16世紀のヨーロッパ人の言う「大発見時代」を通じて顕著になるヨーロッパの世界進出と、それにつづく西洋近代の形成、のちにアメリカ合衆国も加わっての、欧米列強による非欧米社会の植民地支配がある[9]」と論じている。

中国において、「開発」という概念は、ヨーロッパで生まれ日本を経由して中国に入ってきたと考えられる。「開発」という言葉は中国の古代文献によく使われていたことから、日本語からの逆輸入でないことは明らかではあるが、現代中国で、一時期「開発」という語が死語となり、再び使われ始めたとき、漢字を使う日本語の影響を受けたことがきっかけとなったことが考えられると趙宏偉が述べている[10]。

こうした中、佐々木信彰（1988）は、中国の少数民族問題を世界上の南北問題とのアナロジーで中国国内の「南北問題」と捉え、経済的側面から考察している。そして、民族問題が経済問題と重なり、さらに複雑になっていると指摘している。

以上のことから、「開発」を巡る問題を扱うとき、「開発」のもつ植民地主義的性格に留意しながら、「開発をする側の論理」と「開発をされる側の論理」に分けたうえで、議論を整理していく必要があるだろう。

まず、「開発する側の論理」をまとめた研究として費孝通（1986）[11]、王柯（1998、2001）などが挙げられる。

費孝通[12]は、彼の「辺区開発包頭篇」という論文の中で、内モンゴル自治区包頭地域における資源開発や工業化を高く評価し、それをさらにほかの少数民族地域へ拡大させていくことを主張している。一方で辺区地域の自然環境の悪化と包頭からの人材の流出が深刻だとも指摘し、この問題は克服すべき課題であると主張している。また、原材料価格が低く設定されている問題にも目を向け、価格の見直しを訴え、それが少数民族地域の収入に影響を与えていると力説した。その一方で、少数民族地域の資源開発が少数民族の利益になることが、各民族の共同繁栄を実現する、と述べている。総じていえば、費孝通は1950年代に全国各地からの支援の下で建設された工業都市包頭を肯定的に捉えつつも、そこで生じる利益が少数民族に配分される必要性を説いたと言って差し支えないだろう。しかし、中国中央の要職にあった費孝通は自身の政治的立場を守るためか、少数民族地域で発生している資源開発に伴った諸問題については正面から言及することを避けていた。言い換えれば、資源開発や工業化が少数民族地域に与えるマイナスの影響について直接触れなかった、と言えよう。

しかし、包頭地域における開発は早い段階から少数民族側との摩擦があった。たとえば、1950年代に牧民の聖なる山であるバヤンオボー（白雲鄂博）山において、鉄鉱床の調査や測量が行われた際に、モンゴル人牧民が地質調査隊に不満を覚え、反発していたと言われている[13]。このように、開発が行われている現場で暮らす少数民族の立場から資源開発の問題を検討することは大変重要なことである。しかしながら、経済の急成長を遂げている中国では開発の肯定的側面に着目する傾向が強く、中国本土では、資源開発を直接批判する研究者は少ない。とにかく、中国建国当初、少数民族地域で行われた大規模な資源開発及びその結果として作られた資源都市包頭の持つ意味は大きい。

この包頭市の建設に関する論考の中で、少数民族の立場に着目し、資源開発を批判的に捉えた数少ないものの1つにイギリスのモンゴル人人類学者オラディン・E・ボラグの研究がある。彼は労働者階級を持たないモンゴル人の生活の中に中国共産党が触手を伸ばし、辺境の資源を搾取し、そして辺境をコントロールしようとしている、と説いた[14]。また、ブレンサインは包頭製鉄所が建設されることによって、モンゴル人は自民族の労働者階級をつくり上げることができなかったばかりか、逆に多くの移民を招き入れてしまい、バヤンオボーでは永遠に放牧できなくなってしまった、と指摘している[15]。阿拉坦宝力格（2011）は、民族地域における資源開発を内モンゴル自治区のシリンゴル盟のショローンフヘ（正藍）旗を事例に考察した。そして､資源開発による民族の伝統文化の消失に危機感を抱き、さらに資源開発の持続性が確立されていない点を指摘し、資源開発の過程における「文化参与」の必要性を提唱した。

王柯（1998）は、新疆における経済開発の現状を分析し、その必要性を強調した。そして、新疆における経済開発に多くのウイグル人が参加しており、これに参加できていない者たちが「取り残される」という危機意識を持ち、これが民族独立と民族対立を導いていると指摘している。さらに王柯（2001）は、経済統合は国民統合を実現させる最も適切な方法であると主張しながらその限界を分析している。その限界とは文化の相違にあると言い、民族区域自治制度による優遇が民族意識を最大限に鼓舞している、と指摘している。

中国のほとんどの研究者はこの立場に立っている。これより以下では費孝通以外に、費孝通の影響を受けた研究者及び近年の資源開発研究の成果[16]について紹介したい。

賀学礼（1986）は、内モンゴル自治区西部の烏海市の石炭開発を事例に、知力・労働力・財力の「三力支辺（３つの力で辺境を支える)」政策が、辺境地域の経済開発に果たす役割について考察した。そして、「三力支辺」が烏海の石炭開発に欠かせないものであった、と説いている。

雲布霓（1986）は、内モンゴル自治区フルンボイル盟のイミン（伊敏）炭鉱の開発における鉱区と民族地方の関係を事例に、辺境地域の資源開発及び社会主義民族関係の在り方について検討した。そして、イミン炭鉱の開発が民族地域の経済成長を促し、民族団結に役に立っていると述べている。

鄭睿川（1986）は、包頭鋼鉄公司の建設を事例に、辺境地域の資源開発を検討した。そして、包頭鋼鉄公司の建設によって、内モンゴル自治区、特に包頭市の経済成長が大きく促進されたと論じている。

周星（1993）は、1960年代に国防の観点から行われた「三線建設」による工業化について考察した。そして、この「三線建設」が西部地域の工業化の建設に大きな役割を果たした、と指摘している。

程志強（2009）は、内モンゴルのオルドス（鄂爾多斯）市を事例に、石炭開発と地方産業、石炭開発と地方投資環境の建設、石炭開発と人民生活向上などの相互影響、相互作用を検討した。そして、資源開発地域における持続可能な発展モデルを提起している。

以上見てきたように、中国における開発研究は、開発を肯定的に捉え、中国の民族政策によって少数民族地域が如何に工業化の道を歩み、より良い生活を送っているのかについて論じ、鉱区や民族地域の関係も順調だとする記述がほとんどである。これらの研究は、開発が現地社会に与えるマイナスの影響を無視する傾向があり、これでは開発を客観的に捉えることができない、と言わざるを得ない。もっとも近年、阿拉坦宝力格（2011）のように少数民族地域における資源開発の多大な影響に危機感を抱く研究も見られるようにはなってきた。ただしこれらの研究でも、開発を完全に否定するものではなく、何らかの形で「少数民族にとっても良い開発」に導こうとする思惑が見られている。だが、このような視点ですらほとんど少数民族出身の研究者に限られている。そこで、先にも述べたことではあるが、本研究ではでき得る限り客観的に少数民族地域における開発の問題を論じることを目的としている。

中国においては、いずれの研究も中国による少数民族地域の開発を正当化するためのロジックであることは間違いないと言える。しかも、これらの研究からは「開発される側」＝少数民族の論理が見えてこないのである。

これに対して、オラディン・ボラグは、開発する側に焦点を当てながら、開発によって生じる矛盾を批判的に検討し、内モンゴルにおいて開発問題が民族問題となってしまう構造を「労働者階級の流産」という用語を使って説明する。

ボラグは、少数民族地域である内モンゴルに漢民族を中心とした大規模な「辺境支援隊」を送り込んで開発を行うことで、モンゴル人「労働者階級」が誕生する機会を奪ってしまうという矛盾（パラドクス）を描き出した。本来、マルクスが考えた共産党というものは労働者階級の政党であるはずだが、中国革命の主体は労働者階級ではなく、農民大衆であった。建国後もこの状況が変わらなかった。ところが、「辺境支援」という名のもとに大勢の漢族を労働者として内モンゴルで資源開発に従事させた。遊牧を伝統とするモンゴル族はもとより労働者階級が存在したわけではなく、当時の内モンゴルの指導者であったウランフはこの包頭鋼鉄所の建設過程を通して、モンゴル族自身の労働者階級を作って、社会主義の「先進」民族になろうと努めたという。皮肉なことに結果として内モンゴルにおいて新たな「漢族労働者」が誕生したのであって、モンゴル族労働者は「誕生」できなかったのだ[17]。では、こうして共産党によって生み出された漢族：モンゴル族＝労働者階級：牧畜民の対立構造の結果、どのようなことが現地で起こっているのか。これについてのフィールド調査は、ボラグの研究ではなされていない。

一方、少数民族の立場から「開発される側の論理」を明らかにしたものとして先に述べたボラグや以下に論じる楊海英、小島麗逸、ブレンサインの研究が挙げられる。

楊海英（2011）は、中国政府が進めている西部大開発を、中国の漢人たちが豊かさを夢み、国家の繁栄を希求する民ならではの愛国心のあらわれであると強く批判している。そして、中国政府は西部大開発でいわゆる地域間格差や民族間格差を是正しようとしていると指摘したうえで、開発と発展は民族問題を根本から解決する良薬ではない、と主張している。その理由として、開発される側すなわち西部に居住する少数民族の人たちが逆に今まで以上に同化される危険性を危惧している、と解釈している。開発と発展という圧倒的な力を用いて最後の完成、すなわちあらゆる民族の「文化的ジェノサイド」の完成にむけて中国は突進していると言う。つまり、中国の少数民族地域における資源開発を少数民族の「文化的ジェノサイド」と捉えているのが、彼の特徴である。楊海英は資源開発が少数民族地域の民族文化に与えている影響を、鋭くかつ厳しい目線で考察していると言えよう。

小島麗逸（2011）は、エネルギー資源の取得が今日の中国経済の最大の課題となっているため、エネルギー資源の埋蔵量が豊富な少数民族地域における資源開発が、少数民族地区政策の中核となっていると指摘している。そして、中国の資源関係の統計年鑑を用いて、中国政府が少数民族地域における資源開発を強化していることを示した。一方で、少数民族地域の経済が急成長しているデータに対して、その信ぴょう性を疑問視し成長率の水増しが想定されるのではないかと述べている。また、中国政府が少数民族地域における資源を獲得するため実施したこれまでの政策を再検討し、資源開発によって少数民族の伝統文化が破壊されてゆくことによって残る「怨念」にも注目している。

ボルジギン・ブレンサイン（2011）は、モンゴル人の間に伝わる地名を取り上げながら、少数民族地域における資源開発を少数民族自身の生存と結び付けて考察した。そして、開発という言葉は長年「正義」として受け止められてきたと批判し、さらにこのような開発が地方や少数民族の利益を犠牲にすることを前提としてきた、と指摘した。

これらの研究は、中国の御用学者たちが無視してきた少数民族側からの視点を導入したという点で高く評価されるべきであろう。

ただし、こうした開発される側の論理に関する研究は、往々にして彼ら少数民族を「被害者」として描き出す傾向が強いことにも注意しなければならない。重要なのは、開発される側＝少数民族を被害者として単純化するのではなく、開発する側としての主体性にも注目し、現地調査を踏まえた詳細な分析が必要であろう。

このような研究の一例として、白福英（2013）は、内モンゴル牧畜地域における資源開発に焦点を当て、シリンゴル盟西ウジュムチン旗のＳガチャー（嘎査[18]）の実態調査に基づき、開発に対する少数民族側の「適応」をキーワードに、開発に対する地元社会の対応に着目して考察した。そして、個人やガチャーが開発に否定的な態度を取りながら開発を積極的に利用して、自らの生活を向上させる「非伝統的価値観」の対応の存在を指摘している。

白の研究は、少数民族を単なる無能な被害者ではなく、開発において積極的に関わるという複雑な構造を描いている点において評価に値する。しかしながら、白の研究は「適応」という枠組みに固執した結果、「不適応」が描かれきっていない。

そこで、本研究は、開発に対する少数民族側の「適応」にも注意を払いながら、「不適応」つまり、適応できていない点も描き出していきたい。本研究がめざすのは少数民族の立場、つまり「被害者」の視点を継承しながらも、そこで描かれていなかった少数民族側の抵抗と利用の複雑な構造を描き出すことで、その実態を明るみにすることである。

上記のように内モンゴルの包頭市や烏海市などの工業都市に関する研究は少なくないが、本研究が対象とするホーリンゴル市について先行研究はほとんど見られない。内モンゴルの資源開発の問題において、包頭市や烏海市と肩を並ぶような重要な意味を持つ、ホーリンゴル市に関する研究の空白を埋めることも本研究の重要な目的である。

中国の少数民族地域における資源開発をめぐる研究は、中国国内において数多くなされている。しかし、それらには上述のように多くの限界があることも確かだ。その理由は、中国は長年の政治混乱による経済の停滞が深刻であったため、資源開発によって経済の停滞から抜け出すことが優先されたことにあると考えられる。中国では資源開発について経済成長の側面から開発の推進を唱える研究が多い。このような研究は資源開発に関わる諸問題を表面的にしか捉えることができないと言える。一方で、日本など外国においても中国の少数民族地域における資源開発ブームの影響もあり、研究の数は近年増えつつあると言えよう。そして、その特徴としては、中国の少数民族地域における資源開発を批判的に捉える研究が増えている点にある。ただし、開発対象地域で詳細な実態調査を行ってなされた研究は決して多いと言える状況ではない。

本研究は、以上の先行研究の成果を踏まえつつも、社会史や社会学的アプローチを用いて、開発政策や開発戦略、あるいは資源開発が少数民族の地域社会を如何に変化させたか、それは少数民族の生活に如何なる影響を与えているかという問題に重点をおいて検討したい。その際、資源開発と少数民族地域社会の関係を総合的かつ客観的に捉え、それによる地域社会変動のプロセスを明らかにしようとするものである。そのうえで、少数民族地域における資源開発をめぐる問題に少数民族側からの視点を取り入れて考察し直してみたいと考える。

研究対象地域の設定

本研究の研究対象地域は中国内モンゴル自治区中部、大興安嶺山脈の中腹に位置し、行政的には通遼市[19]に属する炭鉱都市ホーリンゴル市及びその周辺地域である。ホーリンゴル市を研究対象地域に選定した理由は以下の通りである。

ホーリンゴル地域の石炭鉱脈は大躍進運動（1958）の時期に発見された、と言われている。そして、中国の辺境統治における特殊な組織である生産建設兵団によって開発が行われるようになったのである。さらに、改革開放期になると 1985 年に行政都市としてのホーリンゴル市が確立された。このことは、ホーリンゴル炭鉱の関連事業が長年中国の国家政策と深い関わりがあることを物語っており、中国の少数民族地域における資源開発政策を理解するうえで絶好の事例だと言えよう。

内モンゴル自治区ジリム（哲里木）盟（現通遼市）ジャロード旗に属していたホーリンゴル地域は 1969 年から 1979 年までの間、吉林省に編入されていた。この内モンゴル自治区から切り離されていた 10 年間は時期的にちょうど文化大革命期（1966 ～ 1976）と重なることもあり、少数民族自治は事実上実施されていなかった期間だと言えよう。まさに、この時期にホーリンゴル地域の炭鉱開発が推進されたのである。そういうこともあって、炭鉱都市ホーリンゴル市の建設過程を研究することは少数民族地域における開発の歴史を知るうえでも重要であろう。

そもそもこの地域は、歴史的にモンゴル族による遊牧が行われてきた優良な牧草地であった。ところが、その奥地に突然炭鉱床が発見され、都市まで誕生することになった。つまり、モンゴル人社会は、大規模な資源開発によって、変容を余儀なくされたのである。このような変貌のプロセスを追及することは、資源開発ブームにさらされている中国の各少数民族地域における今後の社会変貌を展望するうえでも重要な意味を持つのである。

また、炭鉱都市ホーリンゴル市は、中国とモンゴル国の国境線から120キロしか離れていないところに位置しており、その建設は中・ソ関係や中・蒙関係といった複雑な国際関係の産物だという側面も有している。1960年代後半、中・ソの関係悪化により、内モンゴルが「反修正主義」の前線基地とみなされ、軍政が敷かれるようになった。このような背景のもとでホーリンゴル炭鉱の開発は、生産建設兵団という軍事組織の動員によって実施されたのである。この点は、辺境地域に集中する少数民族に対する中国統治のあり方を理解するうえで大きな意味を持つと言えよう。

研究方法

本研究を行うために2009年8月から4回にわたって内モンゴル自治区ホーリンゴル市とその周辺地域においてフィールド調査を行った[20]。ホーリンゴル市の周辺には緑の溢れた平原地帯が広がり、第一の印象として非常に美しい街だと感じた。しかし、滞在日数を重ねるにつれ、ホーリンゴル市は毎日のように粉塵が舞う町だと感じるようになった。

前述したように、ホーリンゴル市に関する学術的な研究はほとんど存在しない。第一段階としては、ホーリンゴル市の建設過程に関する活字資料は通遼市档案館、ジャロード旗档案館、ホーリンゴル市档案館などに少なからず存在していることが分かり、資料調査に努めた。また、政府機関が発行した地方誌や文献資料などの収集を行った。

資料調査に着手する中で、石炭の発見、そして行政都市までの建設過程の状況を把握している人物の情報を入手し、また文献資料などから得られた情報と照合しながら彼らに対して聞き取り調査を行った。この作業は文献資料の内容を確認することにもつながり、本研究にとって重要な作業であった。フィールド調査の範囲をホーリンゴル市だけに限定せず、ジャロード旗、通遼市など多くの地域の関係者を探して聞き取り調査を行った。

そうした聞き取り調査や資料調査の中でホーリンゴル市の建設過程において、多くの村々が新しくでき、地域社会が激しく変動していたことが分かった。

本書で調査対象にしたバヤンオボート（白音敖包図）村は、こうしたホーリンゴル市の建設過程に現われた多くの新設村落の1つである。具体的な調査として、資源開発が地域社会に与えている影響を把握するため、村の全戸に対して聞き取り調査を行った。そこで、彼らが移住する以前に暮らしていた南に100キロ離れているチャガンエンゲル（査干恩格爾）村（現バヤルトホショー鎮に属する）で実態調査を行った。また、ホーリンゴル市の建設過程でチャガンエンゲル村から北部に移住した人々はバヤンオボート村とは別にもう1つのアムゴラン（阿木古楞）村（現アルクンドレン鎮に属する）を形成していたことが分かり、それに対しても調査を実施した。

その結果、これらの村落の形成過程、村を中心とする婚姻関係や放牧の仕方など関連データを詳細に得ることができた。さらに、周辺地域社会の全体像を理解するために、バヤンオボート村やアムゴラン村だけではなく、この両村のように炭鉱都市ホーリンゴル市の建設過程で新しく形成された19の村のうち半数以上に対しても実態調査を行なった。これらの実態調査は、資源開発における地方当局の対応や村落を単位とする地域社会の動きを把握するための貴重な資料となった。

また本研究では、通常体系化されていないソム（蘇木[21]）や鎮[22]レベルの行政機関の文書資料の入手にも努めた。例えば、ホーリンゴル市周辺のジャロード旗のバヤルトホショー（巴雅爾図胡碩）鎮、ウランハダ・ソム（烏蘭哈達・蘇木）、ゲルチル・ソム（格日朝魯・蘇木）などに分散していた関連資料を閲覧でき、本研究において利用することができた。それに、各村において村人が様々な目的で作成した資料も入手することができた。それ以外に、内モンゴル自治区政府所在地であるフフホト市やそのほかの関連地域においても聞き取り調査や文献資料の収集を行った。

以上述べたように、本研究は内モンゴル自治区の関連地域に存在する地方資料、統計データの収集に努めながら研究対象地域であるホーリンゴル地域で詳細な調査を重ねた。それにより、炭鉱都市ホーリンゴル市の建設過程における地域社会の変貌を立体的に捉えることができたと考える。

本書の構成

本書は、以下のような内容によって構成されている。

序章では、内モンゴル地域を中心に近年中国の少数民族地域で行われている資源開発ブームを背景に、激しく変化している地域社会の変動を捉える重要性を認識し、本研究の出発点としたことを論じた。また、本研究の先行研究の状況や現地調査について詳しく説明した。

第1章では、少数民族地域の中国における戦略的意義を検討するとともに、中華人民共和国建国以後の少数民族地域における資源開発政策を概観する。同時に、内モンゴル自治区包頭市や烏海市の建設についても触れ、中国の資源開発政策における内モンゴル自治区の位置付けについて検討する。

第2章では、生産建設兵団の歴史的背景を概観するとともに、生産建設兵団による地下資源開発と資源開発がもたらす影響について考察したい。中でもとりわけ中国初の少数民族自治区[23]である内モンゴル自治区において、生産建設兵団が新疆に次いで大規模に置かれることになった。この生産建設兵団が内モンゴル中部地域に新設された炭鉱都市ホーリンゴル市の建設にどのように関わったのかについて述べる。そして、生産建設兵団と少数民族地域の資源開発との関わりについて考える。

第3章では、ホーリンゴル市の建設過程におけるジャロード旗北部地域の行政再編について考察する。そこでまずジャロード旗北部地域社会の実態を概観し、ジャロード旗北部地域におけるホーリンゴル牧草地の重要性を検討する。そのうえで、1980年代に行われたジャロード旗北部の行政再編の社会的背景の分析を試みる。つまり、ホーリンゴル炭鉱の開発により、牧民たちにとってかけがえのない牧草地が次々と奪われることになったが、炭鉱開発を進める炭鉱側と牧民たちの対立、そしてその対立の対応策として実施された行政再編の実態を明らかにしたい。

第４章では、地下資源開発によってモンゴル牧民たちが牧草地から追われ、そのうえ生業や生活様式などにおいても大きく変容せざるを得ない状況に追い込まれていることについて論じる。このような現実を前に、村民たちはどのように生きていこうとしているのだろうか。炭鉱都市ホーリンゴル市の建設過程で形成されたバヤンオボートという村落の事例を通して検討していきたい。具体的に、村における生業の変化、婚姻関係、家畜の構成など多方面から論じる。その結果、地下資源開発による地域社会の変貌、さらに牧畜村と都市の関わりを明らかにするよう努める。

第５章では、炭鉱都市ホーリンゴル市の建設過程における土地紛争を中心に検討を行い、中国の少数民族地域で行われている地下資源開発の持つ意味を再確認し、ますます膨張する炭鉱都市ホーリンゴル市と牧草地の占有により、次第に衰退していく牧畜地域の構造を明らかにしたい。

第６章では、資源開発による環境汚染が地域社会に与えている影響について検討を行い、炭鉱開発や都市の出現による環境汚染の実態がどのようなものかについて述べ、このこともホーリンゴル地域の牧畜業の衰退に大きく関係していることを明らかにしたい。

【註】

1. 旗はモンゴル語で「ホショー」という。清朝の八旗制度によってモンゴル人を組織した行政単位の一種である。現代中国において、内モンゴル自治区のモンゴル族が集中的に居住する地域のみに使われているもので、中国の「県」に相当する行政単位である。
2. 中国共産主義青年団出身の政治家である。2009 年 11 月に内モンゴル自治区党委書記に抜擢され、そして 2012 年 11 月に第 18 回党大会後の中央委員会で、中央政治局委員に選ばれた。 翌 12 月に広東省の党委書記に任命された。
3. 『朝日新聞』2011 年 5 月 28 ～ 31 日、6 月 3 日と『毎日新聞』2011 年 5 月 30 日など。
4. 王柯（1998）55 頁。
5. 小島麗逸（2011）72 ～ 75 頁。
6. 末廣昭（1998b）2 頁。
7. 各地域の経済概況、政策動向および事業環境（各論）Copyright (C) 2012 JETRO. All rights reserved.77 頁。
8. 田暁利（2011）101 頁。
9. 川田順造（1997）12 頁。
10. 趙宏偉（1997）249 頁。『新詞新語詞典』（1993）を参照。趙宏偉によれば、1949 年、中華人民共和国が成立してから、およそ 1980 年代初頭までの間、「開発」という言葉は使われなくなり、死語となった。当時、現われた新語は社会主義「建設」であった。「開発」という言葉が再び使われるようになるのは、『当代中国流行語辞典』（1992）によると 1983 年だった。
11. 1985 年 6 月 10 日に包頭及び 1985 年 6 月 15 日にフフホトで行った講演に基づいてまとめたものである。
12. 1910 年生まれの費孝通は 1935 年に清華大学の大学院を卒業した。そして、この年から中国の少数民族地域における調査に携わるようになる。1936 年からはロンドン大学に留学し、マリノフスキーに師事した。そして、1938 年にイギリス留学から帰国すると、雲南大学にて教鞭をとりながら農村地域や少数民族地域における調査を行っていた。1949 年に中華人民共和国が建国されると、中央の民族訪問団に加わり、少数民族に対する調査と民族識別工作に参加することになる。その後の中国中央による事業に参加し、1950年代に全国人民代表大会によって組織された少数民族社会歴史大調査に加わることになった。ところが、文化大革命がはじまると批判の対象とされ失脚する。その間は、研究活動も一切禁じられた。1970年代末頃になってようやく名誉が回復され、公職に復帰する。その後の費孝通は、中国人民政治協商会議全国委員会副主席（第6回）や全国人民代表大会常務委員会副委員長（第7、8回）など中国政府の要職を務めながら、少数民族地域の調査や研究に積極的に参加する。このように、一時は失脚の憂き目を見たものの、基本的には中国の中央権力に近いところで研究を続けてきた。そのため、彼の研究は現代中国における民族理論や民族政策の形成に多大な影響を与えてきたのだ。ちなみに、その後の費孝通は1988年11月に香港中文大学に行われた講演において「中華民族の多元一体構造」論を提起し、今日では彼の「中華民族」論は公式イデオロギー的存在として現在にまで大きな影響を与えている。

13. 林田（1957）。
14. Bulag, Uradyn. E. (2010) Collaborative Nationalism: The Politics of Friendship on China's Mongolian Frontier.pp167 ～ 198.
15. ボルジギン・ブレンサイン（2011）53 ～ 54頁。
16. 中国における少数民族地域の資源開発をめぐる研究は、多くの研究蓄積を重ねてきた。ただし、これらの研究成果のほとんどは、改革開放政策が実施されるようになってからのものである。なぜなら、中国では少数民族地域の社会状況を研究する社会学研究が、長い間行うことができなかったからだ。20世紀前半には一定程度行われていた社会学であったが、中華人民共和国が建国されると1950年代初頭に社会学が一旦廃止され、その後は民族識別を行う目的で民族地域調査が行われる程度になる。その後、社会学が復興するのは文化大革命が終わった後の1970年代末頃だ。文化大革命などによって、事実上「骨抜き」状態となっていた民族政策が1980年代になると、比較的に穏健だった1950年代のような状況に戻り、少数民族地域における開発に関する研究が可能となったのだ。
17. Bulag, Uradyn. E. (2010) Collaborative Nationalism: The Politics of Friendship on China's Mongolian Frontier.pp167 ～ 198.
18. ガチャー（嘎査）とは、村民委員会に等しく、ソム（蘇木）下位の行政単位であり、内モンゴル自治区西部のモンゴル人地域ではバガ（巴嘎）とも呼ばれていた。内モンゴル自治区の場合はモンゴル人が集中的に居住している村落をガチャーと呼び、漢族が集中的に居住している村落を村と呼ぶ場合が多い。

19. 1980年代以降、内モンゴルにおいて「撤盟設市」、「撤旗設県」(盟を廃して市を設置する､旗を廃して県を設置する) の動きが急速に進められた。1983年にジョオド (昭烏達) 盟が赤峰市に、1999年にジリム (哲里木) 盟が通遼市に、2001年にイヘジョー (伊克昭) 盟がオルドス (鄂爾多斯) 市に､2002年にフルンボイル (呼倫貝爾) 盟がフルンボイル市に改編され、さらにバヤンノール (巴彦淖爾) 盟がバヤンノール市に、ウランチャブ (烏蘭察布) 盟がウランチャブ市になり、9つの盟のうち6つがすでに市に改編された。現存するシリンゴル (錫林郭勒)、アラシャ (阿拉善)、ヒンガン (興安) の3つの盟においても、近い将来に都市化の可能性が考えられる。

20. 4回のフィールド調査は、2009年8月21日～9月16日、2010年7月5日～9月15日と2011年7月6日～2011年8月3日、そして2012年8月1日～2012年8月29日と2012年9月10日～2012年9月20日に行ったものである。

21. ソム (蘇木) とは、内モンゴル自治区特有の郷レベルの行政区画である。それが県レベルの行政区画である旗と村の間に置かれており、内モンゴル以外ではそれに相当するのは郷と民族郷である。

22. 鎮とは、現代中国においては郷レベルの行政区画である。1984年の国務院の規定により、県レベルの地方国家機関の所在地で、総人口が2万人以下の郷 (ソム) で郷政府所在地の非農業人口が2千人を超えるものと、総人口2万人以上の郷で郷政府の所在地の非農業人口が総人口の10%以上を占めるもの、さらには少数民族の居住地、人口の疎らな辺境地域、山岳地域などで非農業人口が2千人足らずでも必要に応じて鎮を設置すると定められた。

23. 中華人民共和国が建国する以前の1947年5月1日に、中国共産党の指導のもとで内モンゴル自治政府がつくられ、その後の1949年12月2日に内モンゴル自治区人民政府と改められた。

第1章

現代中国少数民族地域における資源開発の歴史的経緯

はじめに

中国の長い歴史において、その周辺の各民族との関係は政治的に重要なものであった。場合によっては、中央政権を打倒して漢族以外の民族が政権の座に就くこともあった。しかし、周知のように中華人民共和国が建国されると、多くの周辺民族領域が中国の一部として取り込まれた。それにより、中国政府は各少数民族地域の再編を行い、実効支配を強化していった。それにより、多くの少数民族の伝統的な生業には農耕化や工業化政策が進められ、多くの少数民族がこれまでの生産方式からの変更を迫られることになった。また、建国前に唱えていた一連の民族政策は否定[24]され、少数民族が集中的に居住する一定の地域だけに自治権を付与する民族区域自治制度が行われるようになった。各少数民族居住地域の多くが「辺境地域」に位置しており、そのためこれまでは開発が行われることも少なく自然資源が豊富な場所であった。中国政府は、このような少数民族地域を「辺境」にあるがゆえに、安全保障上重要な意味を持つと捉え、さらには未開発な資源が豊富に存在するという認識から資源供給地としても重要な役割を与えることにした。そして、このような姿勢は、中国が経済大国となった現在も変化はなく、むしろ中国の経済成長に伴い、少数民族地域における資源開発がさらに強化されているという状況にある。

中国は周知の通り目覚ましい経済成長を遂げており、その経済開発は主に沿海地域に集中している。ここで考えなくてならないことは、この沿海地域の経済開発を支える資源として、少数民族地域における資源開発に頼っている、という点である。さらに近年経済の急速な成長に伴い、資源の需要が増加し、それにより少数民族地域ではこれまで以上の大規模な資源開発が行われるようになっている。しかし、それは少数民族の社会、文化、経済に大きな影響を与えかねないものである。

少数民族地域における資源開発は建国直後から続いており、当然ながらそれぞれの時期においてそれぞれ異なる政策が講じられてきた。その際、これらの政策に基づく資源開発が少数民族地域の自然環境を破壊し、少数民族の生存を脅かすことも少なくなかった。特に近年、経済開発や利益最優先の風潮に基づく資源開発が、負の遺産として自然災害や環境汚染などを深刻化させている。これに反発する少数民族と開発事業者間の摩擦が増大し、場合によっては暴動まで発展することもある。

現在、中国政府は少数民族地域の経済成長をはかるという目的で、少数民族地域における地下資源開発に力を入れている。しかし、この資源開発が本当に少数民族の人々の生活向上に有益であるか、を考えなければならない。そこで本章では、中華人民共和国建国時から行われている少数民族地域における資源開発政策を検討し、それらが実施された社会・政治的背景を考察する。

これまでの資源開発によって、これらの少数民族地域には次々と新たな資源開発都市が建設された。例えば、内モンゴルの包頭市、烏海市、新疆のカラマイ（克拉瑪依）市や本研究で扱うホーリンゴル市などが挙げられる。それにより、少数民族地域の地域社会は大きな変化が生じている。

本章では、少数民族地域の中国における戦略的意義を再確認したうえで、建国後から行われている少数民族地域の資源開発政策を概観すると同時に資源開発政策の社会歴史的背景を探る。さらに包頭市や烏海市など内モンゴルにおける代表的な鉱山都市を取り上げることで、内モンゴルにおける資源開発の歴史を概観していきたい。そうすることで、本書の主題であるホーリンゴル炭鉱の資源開発問題を検証するための大きな歴史的および社会的文脈が明確になるのではないかと考える。

1　中国少数民族地域における資源開発政策

1-1　中国における少数民族地域の戦略的意義

周知のように、中華人民共和国は共産党によって1949年に建国された漢民族と少数民族による多民族国家である。そのため、これらの少数民族を如何に統治するかは建国時の中国政府にとって大きな課題であった。そして、1952年に「民族自治区政策実施要綱」が策定され、少数民族地域では民族区域自治政策が実施されることになった。実はこの民族区域自治制度のモデルは1947年に成立した内モンゴル自治政府までさかのぼる。この民族区域自治制度は少数民族の自決権や分離独立権を認めないが、一定の地域に集中的に居住する少数民族に一定の自治権と優遇策が与えられた制度である。現在の民族自治地方には5つの自治区、30の自治州、120の自治県などが含まれている[25]。次にこれらの民族自治地方の人口、面積、地理的環境、地下資源の埋蔵量などから中国において少数民族地域が如何に重要であるかを見てみたい。

2010年に行われた第6回人口センサスによると、中国総人口は13億3,972万4,852人で、そのうち、漢民族は12億2,593万2,641人で総人口の91.51%を占めている。少数民族の総人口は1億1,379万2,211人で中国総人口の8.49%になる[26]。12億人以上を数える漢民族と比べると相対的に少数ではあるが、少数民族の総人口は決して絶対的な「少数」とは言えない。世界人口ランクの11位に入るメキシコ人口（1億1,342万3,047人[27]）を上回る人数の少数民族が中国で暮らしているのだ。

個別の民族人口を見てみると、チワン族が1,692.64万人で一番多く、ウイグル族が1,006.93万人、チベット族が628.22万人、モンゴル族が598.18万人などそれぞれかなりの人口規模を有する。もっとも文字通りの少数民族もいるが、ここで挙げたチワン族やウイグル族、チベット族、モンゴル族は隣接している独立国家キルギス（533万4,223人）、ブータン（72万5,940人）やモンゴル国（275万6,001人[28]）の人口を遥かに上回っており、彼らが絶対的「少数者」とは言えないことが分かる。つまり、少数民族は人口規模においても決して絶対的「少数」とは言えず、そのため中国社会の中でも一定程度の勢力として無視できない存在であると言えよう。

中国で少数民族として生きるこれらの民族は広大な面積の地域に居住し

ていることも特徴の１つである。例えば、新疆ウイグル自治区の面積は中国全土の16%を占め、チベット自治区（同12%）、内モンゴル自治区（同12%）の３つの自治区だけで国土の40%を占めている。さらに自治区、自治州、自治県などの面積をすべて加えると、中国全土の64%の領域を占めている[29]。また、少数民族地域は広い面積を有するだけではなく、これらの民族居住地域が中国の辺境地域に集中しているため、安全保障上も極めて重要になる。中国は国土面積が広いため周辺国と陸地で接している地域が多い。その陸地国境線の24%を新疆ウイグル自治区、18%を内モンゴル自治区、17%をチベット自治区が占めている。そのうえに、少数民族が多く居住している雲南省などの陸地国境線を加えると、少数民族の居住地がほぼ中国の陸地国境線を独占していると言える[30]。

少数民族が居住する地域は森林、草原などの地上資源が豊富な地域でもある。内モンゴルの森林や草原面積は全国第一位で、牧畜業と林業の生産量は全国の上位を占めている。新疆ウイグル自治区や青海省、チベット自治区の草原面積も広く、中国の五大牧畜地域に数えられている。チベット自治区は森林面積が広く、植物や動物種類も豊富で全国の上位を占めている。ちなみに、雲南省の植物や動物の種類は全国で首位を占めており、「植物の王国」、「動物の王国」と称されている[31]。チベット自治区、青海省や雲南省の水資源も豊富で水力発電が盛んである。このように地上資源や豊かな自然を有している、その一方で全国のほかの省と比較すると経済成長が比較的に遅れている地域に数えられている（図0–2を参照）。そのうえ、近年少数民族地域で行われている大規模な資源開発により、これらの地上資源や豊かな自然は、今後次第に減っていくことが考えられる。さらに、これらの地域に暮らしている少数民族の伝統的な生活も、これらの資源開発によって大きな影響があることと予想される。

中国の少数民族地域における地下資源の埋蔵量は実に豊富で、全国で重要な地位を占めている。表1–1は2010年の中国の各省・市・自治区における主要な地下資源の埋蔵量の順位を示したものである。新疆の石油の埋蔵量は全国で第二位を占めている。新疆と内モンゴルの天然ガスの埋蔵量は、それぞれ全国で第一位と第二位を占めている。石炭の埋蔵量では内モンゴルが全国の第二位に入っており、新疆は全国で第三位である。さらに内モンゴルの鉄鉱石の埋蔵量は全国第五位で、クロム鉱石の埋蔵量はチベットが全国で第一位、甘粛省が第二位、そして、内モンゴル、新疆の順となっている。マンガン鉱の埋蔵量は広西が第二位を占めている。銅鉱石の全国における埋蔵量の順位は第二位が内モンゴルで、さらには雲南、チベットなども上位に入っている。亜鉛鉱の全国における埋蔵量の順位は雲南省、内モンゴル、甘粛省と四川省となっている。内モンゴルの硫鉄鉱の埋蔵量は全国で第三位である。鉛鉱石の全国における埋蔵量は内モンゴル、雲南省、甘粛省などやはり少数民族が多い地域が上位に入っている。また、周知のように内モンゴルの希土類（いわゆるレアアース）の埋蔵量は全国第一位で、世界供給量の90%以上を占めている、と言われている。さらに近年、少数民族地域では新たな鉱山や鉱脈が次々と発見されており、今後さらなる大規模な資源開発が行われるだろう。以上のことから、地下資源の確認された埋蔵量が豊富な内モンゴルや新疆などの辺境の少数民族地域こそが、中国本土に地下資源を提供する後背地となっていると言えよう。つまり、少数民族地域は中国が強力な安定した経済大国を建設するうえでも手放すことができない重要な存在なのである。

表1-1　中国の各地域における主要な地下資源の埋蔵量と地域分布（2010年）

順位	地域	石油（万t）	地域	天然ガス（億㎥）	地域	石炭（億t）	地域	鉄鉱石（億t）	地域	クロム鉱石（万t）
1	黒龍江	54516.41	新疆	8616.43	山西	844.01	遼寧	75.46	チベット	199.49
2	新疆	51163.47	内モンゴル	7149.44	内モンゴル	769.86	河北	37.49	甘粛	124.83
3	山東	34310.68	四川	6763.11	新疆	148.31	四川	28.73	内モンゴル	60.35
4	河北	27780.80	陝西	5628.11	陝西	119.89	山西	12.13	新疆	48.95
5	陝西	24947.67	重慶	1921.02	貴州	118.46	内モンゴル	12.12	河北	6.90
順位	地域	マンガン鉱（万t）	地域	銅鉱石（万t）	地域	亜鉛鉱（万t）	地域	硫鉄鉱（万t）	地域	鉛鉱石（万t）
1	湖南	5711.10	江西	698.58	雲南	682.05	四川	42807.04	内モンゴル	301.12
2	広西	4033.44	内モンゴル	365.93	内モンゴル	588.89	広東	27903.63	雲南	191.01
3	貴州	2468.87	雲南	274.25	甘粛	379.51	内モンゴル	15745.76	湖南	111.64
4	重慶	2252.62	山西	215.67	四川	222.40	安徽	14912.71	広東	105.66
5	遼寧	1412.41	チベット	199.38	広東	192.26	江西	14892.60	甘粛	84.15

出典：中華人民共和国国家統計局編『中国統計年鑑2011』（電子版）に基づき筆者作成。

1-2　少数民族地域における資源開発政策

上述のように、中国の少数民族の人口は漢民族人口と比べると相対的に少ないが、居住地域の面積は広大で、安全保障上も重要な地位を占めている。とりわけ、地上資源や地下資源の埋蔵量は多く、中国経済の急成長に大きな役割を担っている。そして、今後資源エネルギーの需要の増加に伴い、その重要度がさらに高まると予想されている。これらの少数民族地域の資源開発を行うため、中国政府はどのような政策を講じてきたのか。ここでは中国の経済史における地域開発政策に関する先行研究や地方誌などをもとに、少数民族地域における資源開発政策の歴史を整理していきたい。

1-2-1　改革開放以前における資源開発

①　建国初期の経済開発（1949 ～ 1957 年）

建国後、中国政府にとっては戦乱などによって疲弊した経済を立て直し、そして多くの少数民族集団を統一国家の中に組み込むことが急務であった。そのため、中国政府は辺境地域に多くの軍隊を投入し少数民族地域を軍事的に制圧し、国家の領土として囲い込んだ。同時に軍隊に生産活動を行わせ、辺境地域における農業開発を進めた。その際、注目すべきは一部の地域では資源開発も行われたということだ。まず辺境地域における軍隊による農地開発について紹介する。1950 年代に新疆の開発や建設に 15 万人、「北大荒[32]」の建設に鉄道兵 9 個の師団[33]と 10 個の予備師団の 10 万人近くが参加した。西南辺境地区では、雲南と広西墾区が農場地帯の代表である。50 年代の屯田開墾建設のなかで両開墾区は耕地とゴム園 96,400 ヘクタール規模をつくり、国有農場数が 83 個に達して熱帯作物基地となった[34]。1952 年に西北軍区管轄下の一個の師が農業建設第一師に改められ、寧夏賀蘭山地区に農場を建設した。1951 年に広州に華南墾殖総局が設立され、1952 年から 2 万人の兵士が海南島を開発してゴム生産基地をつくった[35]。これらのように多くの部隊が辺境地域を開発するとともに辺境防衛の任務を担ったと考えられる。しかし、それをきっかけに、多くの漢民族が辺境地域に移住し、人口移動が生じることにもなった。

中華人民共和国が成立した当初、全国の70％以上の工業、交通運輸設備は、国土面積のわずか12％程度しか占めない東部沿海地域やかつて日本が開発した東北地域に集中していた。内陸部では武漢、重慶などの少数都市を除くと、ほとんど工業建設が行われていなかった。国土面積の45％を占める西北や内モンゴル地域の工業総生産額は、全国の3％程に過ぎなかった[36]。そこで、経済開発政策において、従来の沿海地域を中心に展開されていた工業開発を、内陸地域へと移すことが考えられた。また、この当時沿海地域中心の工業化は軍事的見地から批判され、工業化の地域的なバランスの必要性が説かれた。

中国の建国初期における経済政策の特徴として、ソ連の地域経済開発を学び、計画経済が導入された点が挙げられる。この経済政策により内陸地域、特に満州国から引きついだ諸施設がある東北地域を中心に、工業建設が進んだ。ソ連からは具体的に156の大型重工業プロジェクトの支援を受け、そのうち48項目が遼寧省の鞍山鋼鉄所に投入された[37]。ちょうどこの時期に新疆のカラマイ油田が発見され、新疆における石油開発が行われるようになった。また、華北、西北、華中にそれぞれ新工業基地を建設する計画が予定された[38]。そして、包頭鋼鉄公司、武漢鋼鉄公司などの工業基地が次々と立ち上げられた。しかし、後に中国とソ連の関係悪化により、投資効率を配慮して、再び設備などが充実している沿海都市の工業発展を優先する傾向が出始めた。

②　大躍進期の経済開発（1958～1964年）

建国当初は辺境地域の開発を行うとともに、沿海地域の既存の工業を十分生かそうとする政策が打ち出された。しかし、1958年から工業化を推進し、短期間で欧米諸国を追い越すというスピード重視主義が毛沢東によって提唱され、大躍進運動が始まる。また、その大躍進運動により、「以鋼為綱（鋼鉄をもって綱領とする）」という工業建設の方針が示され、工業化が全国規模で展開され、特に鉄鋼業が重視された。その結果、内陸地域、とりわけ西部地域への投資が一層拡大することになった[39]。その原因は、工業化が全国的に展開されることで、地下資源が豊富な少数民族地域の開発も一層進むことになったからだ、と考えられる。

新疆のカラマイ油田は1955年に発掘調査が開始され、当地域最大の独山子油田をはるかに上回る埋蔵量が確認された。その後、カラマイ地域に直轄市を建設する動きが始まり、1958年7月の同市人民代表大会でカラマイ市区・独山子鉱区などをまとめて「未来の新工業都市」カラマイ市が誕生した[40]。また、そのほかにはチベットの地質探査が開始され、黒龍江省の大慶油田では原油が生産されるようになった。この頃、内モンゴルにおいて、ホーリンゴルに石炭の鉱床が発見されたのである。さらに西部地域では、蘭州（甘粛省）、西寧（青海省）、銀川（寧夏回族自治区）、貴陽（貴州省）、昆明（雲南省）などの都市に機械工業地帯が形成された[41]。ところが、大躍進運動は工業化を過度に強調した政策であったため、これらの地域にもたらす経済効果は低く、かえって経済の停滞を招く結果となった。そのため、1961年以降になると多くの鋼鉄所や工場が閉鎖され、新規の建設も中止された。

③　文化大革命期の経済開発（1965～1970年代後半）

1950年代末から中国とソ連の関係悪化や1960年代の米軍によるベトナムの空爆などの緊迫化した国際情勢の下、中国の経済開発政策においても軍事上の目的が強調された。つまり、米・ソとの戦争に備える観点から内陸地域における工業建設を重んずるようになったのである。それがいわゆる1964年から始まった「三線建設」である。「三線地区」とは、四川・貴州・雲南・陝西・甘粛の各省、寧夏回族自治区と河南・湖北・湖南各省の西部地域、そして青海省の東部と中部地域を指す。それに対して、一線は、上海・天津・広東・浙江・江蘇などの工業が発達した沿海部の省・市である[42]。一線地域と三線地域の間が、二線地域となる。万が一戦争が起こることを想定して、一線地域と二線地域の後方地域である三線地域において重工業と鉱工業の建設が重視されたのである。それにより、国家投資もさらに内陸地域に移され、沿海地域の生産設備や人員が大量に内陸地域に移転された。その結果、第三次五カ年計画（1966～1970年）の基本建設投資全体の中で三線地域の占める割合は52.7％で（第二次五カ年計画期は36.9%)、ピークの1970年には55.3%に達したと言われている[43]。

1960年代末から文化大革命の勃発や中・ソの国境紛争により、中国各地では相次いで生産建設兵団が生まれ、辺境を防衛するとともに農業開発と資源開発が行われた。生産建設兵団については次章で詳述する。さてこれにより、辺境の少数民族地域へ漢民族による大規模な移住が実施され、工鉱業基地が次々と立ち上げられた。

例えば、1971年に新疆の生産建設兵団の総人口が200万人となり、独立の鉱区と工業基地数が181に達した。そして、労働者人口が約90万人となり、その中で農牧業に携わる労働者が約65万人であった。新疆南部の鉄道も生産建設兵団によって1974年から建設が始められたと言われている。黒龍江省の生産建設兵団は1971年から大慶油田の開発に携わるようになり、1970年末までに鋼鉄、石炭やガラス、木材など780の工業拠点を管轄下に置いていた。雲南生産建設兵団は製薬工場や化学肥料工場、そして広州生産建設兵団は海南島に砂糖工場、ゴム製造工場、機械工場などを立ち上げた。それ以外、寧夏、チベットなど多くの省や自治区に生産建設兵団が建設され、農業開発を行うと同時に工場建設や資源開発が行われた。

さて、内モンゴルでもやはり生産建設兵団が建設され、包頭市を中心とする新たな鉄鉱開発計画に多くの生産建設兵団が動員された[44]。そのほかの地域でも彼らによって炭鉱開発や発電所の建設が行われた。本研究で取り上げるホーリンゴル炭鉱の開発でも生産建設兵団が動員され、この時期の開発の主力となった[45]。

このように文化大革命期における経済開発政策は、内陸地域や少数民族地域を重点的に展開された。だが、これらの開発の本当の目的は国防や戦争に備えるという観点から行われた開発政策であるため、経済効果は低かった、と推察される。また、辺境地域に建設された生産建設兵団が都市部の失業者の受け皿になっていたという側面もあり、少数民族地域の優良な牧草地や森林地帯などで工場建設や資源開発が行われ、自然環境が破壊されたことを後で詳述するが、ここでも強調しておきたい。

その後、1972年に米・中や日・中の国交が正常化され、国際環境が緩和される。経済政策においても「四つの現代化[46]」が提唱されるようになり、1980年代に入ると改革開放路線は本格化していくことになる。

1-2-2　改革開放以後における資源開発

①　沿海地域優先の開発期（1970年代後半～2000年頃）

1978年の中国共産党第十一期党中央委員会第三回全体会議にて鄧小平による指導体制がほぼ確定されると、彼は地域開発の重点を内陸地域から沿海地域に移すことを指示した。その後改革開放政策が本格化するようになり、最高実力者となった鄧小平は「四つの現代化」を掲げ、社会主義市場経済体制への移行が唱えられた。

まず農村地域では土地請負制の導入や「郷鎮企業[47]」の発展が主張された。一方、沿海地域では経済特区が設けられ、外資の誘導や「開放政策」が行われた。それにより、1980年に広東省の深圳、珠海、汕頭と福建省の厦門（アモイ）が4つの経済特区とされた。さらに1984年、やはり沿海部の上海、天津、大連、広州などの14の都市が開放都市に指定された。また、同年に海南島全域も外資投資区域に指定された。

1985年になると長江デルタ（上海市と江蘇省南部・浙江省北部を含む、長江河口の三角洲を中心とした地域）、珠江デルタ（珠江河口の広州、香港、マカオを結ぶ三角地帯を中心とする地域）などの広域が外資投資区域に指定された[48]。

ちょうどこの頃、鄧小平は「先富論」を唱え、一部の人々や地域が先に豊かになることを優先にした改革方針を提起した。それにより、沿海地域の経済開発がさらに活発に行われた。鄧小平の理論では、この沿岸部の豊かさが内陸地域にも広がっていくと考えていた。しかし、その実態は多くの矛盾を孕むものであった。つまり、投資が沿海地域に偏重したことにより、まず内陸からの石炭、電力などのエネルギー供給が追い付かず、深刻なエネルギー不足を招いた。先に豊かになった沿岸地域において交通などのインフラ設備への投資が十分に行われなかったことが一因と考えられる。また、「先富論」は沿海地域と内陸地域の貧富の格差を促進し、内陸部における不満が高まることになった。そのため、中央政府の中でも内陸部開発へ力を入れようという動きが見られるようになる。

鄧小平の「南巡講話[49]」によって、引き続き沿岸部における開発も継続されたものの、中国政府は地域均衡開発の方向性も出すようになる。例えば、1992年3月の第七期全国人民代表第五回会議の政府報告において、李鵬総理は「内陸辺境、民族地区の対外開放と辺境貿易を順序よく推進する」と強調した。そして、同年に黒龍江省の黒河市、綏芬河市、吉林省の琿春市、内モンゴル自治区の満洲里市が国務院によって辺境開放都市に指定された。つづいて、内モンゴル自治区のエレンホト（二連浩特)、広西チワン族自治区の憑祥市、雲南省の畹町市、河口県、新疆ウイグル自治区のイーニン（伊寧）市、ボルタラ（博楽）市、チョチェク（塔城）市、チベット自治区のヂャマ(樟木)などの138の市や県が辺境開放都市に認可された[50]。それ以外にも、沿海地域の資源エネルギーの不足を補うために、新疆ウイグル自治区の天然ガス、カラマイ油田・タリム（塔里木）油田の開発や内モンゴルの石炭開発にも力が入れられた。また、三峡水力発電ダム建設プロジェクトが多くの矛盾を抱えつつもスタートしたのも、この時期である。このような1990年以後に行われた内陸の少数民族地域における開発は、沿海地域の資源エネルギー供給や沿海地域と内陸地域の経済格差を縮小させる目的で行われたものであった。

②　西部大開発と経済の急成長期（2000年頃〜現在）

西部大開発政策は1990年代からも議論されたが、2000年に国務院西部大開発指導グループが発足し、西部大開発政策が正式に始動した。この西部大開発政策実施の背景には、沿海地域と西部少数民族地域の経済格差や民族主義の台頭を抑制しようという意図があると考えられる。なぜなら1989年の天安門事件前後は、少数民族による「エスニック・リヴァイバル」が活発に行われた時期であったからである。

内モンゴルでもモンゴル人による独立運動が活発になり、1992年に「南モンゴル民主連盟」が内モンゴル自治区で設立された。そして、1993年に世界中に散らばったモンゴル族が集う「第一回世界モンゴル人大会」がモンゴル国の首都ウランバートルで開かれたのである。この大会にはモンゴル国のオチルバト大統領らが出席し、チンギス・ハーンの生まれ故郷に帰ってきたモンゴル族を歓迎するとともに、世界のモンゴル族の団結と協力を訴えた。ロシアのブリヤート、トゥバ各共和国から公式代表団が参加したのをはじめ、米、仏、インド、ネパール、台湾など各地におけるモンゴル人組織の代表が参加した。中国の内モンゴル自治区からは、「代表団」は派遣できなかったものの、個人の意思で多くの人々が参加した。しかし、1995 年に「南モンゴル民主連盟」の代表たちは中国政府によって逮捕されてしまう。そのため、これ以降、中国に住むモンゴル人は国内よりも海外で活動を積極的に進めるようになった。そこで、1997 年に内モンゴル人民党がアメリカ合衆国で設立されることになった[51]。

また、1997 年 1 月末から新疆ウイグル自治区のカザフスタン国境に近い伊寧を含む 6 市では、一連の大規模な「民族暴動」が起こり[52]、2 月 25 日には区都ウルムチの主要道路で 3 台のバスの連続爆破事件が発生した。

また、1980 年代末から、ダライ・ラマ 14 世が中心となって、チベット問題が「国際問題化」するようになった。その最たる例が、1989 年のダライ・ラマ 14 世のノーベル平和賞受賞である。それ以外に、ソ連の崩壊、東欧革命やモンゴル国の民主化などの国際社会の流れも少数民族地域を注目させる一因になったと考えられる。こうした動きに対して、中国政府は、少数民族の分離独立運動が少数民族地域の貧困あるいは経済の格差によって引き起こされていると判断したらしい。当時のある中国指導者の発言からも、中国政府がこのように考えていたことが分かる[53]。

ところで、西部大開発という場合の「西部」とは具体的にはどこを指すのであろうか。それは、雲南省・甘粛省・貴州省・青海省・陝西省・四川省・チベット自治区・新疆ウイグル自治区・寧夏回族自治区・内モンゴル自治区と広西チワン族自治区及び重慶市の 6 省・5 自治区・1 直轄市のことを指す。このほかに中部地域に含まれる 3 つの自治州（湖南省湘西土家族苗族自治州・湖北省恩施土家族苗族自治州・吉林省延辺朝鮮族自治州）は、西部地域に属さないものの、施策実施にあたって同様の優遇を受けるものとされていた[54]。内モンゴル自治区と広西チワン族自治区ももともと西部地域に含まれておらず、地理的にも西部とは言い難い。しかし、この 2 つの自治区が「西部」地域に含まれたことからしても、「西部」という語が「少数民族地域」そのものを指し示していることが了解できよう。

この西部大開発政策では、4つの大型プロジェクトが実施された。まず、「西気東輸（西の天然ガスを東の都市部へ）」プロジェクトである。このプロジェクトによって、新疆など西部で採掘される豊かな天然ガスを長江デルタなどの経済発展地域に輸送して、東部地域の資源エネルギーの不足を解決しようとするものである。第二が「西電東送（西部で発電した電気を東部の都市部へ）」プロジェクトである。西部地域で発電される豊かな電力資源を電力不足気味の広東、長江デルタ地区、北京・天津・唐山などの地域に送電しようというものである。第三が「南水北調（南部の豊富な水を北部へ）」プロジェクトである。長江の上・中・下流や大渡河、通天河などから引水して、北京、天津、内モンゴル、寧夏などの地域における水不足の問題を解消することを目的としたプロジェクトである。第四は、西部地域の鉄道建設プロジェクトである。このプロジェクトの中心は西部と東部を結ぶ鉄道の建設である[55]。中でも青海–チベット鉄道（青蔵線）のゴロムド（格爾木）からラサ（拉薩）区間の建設が、重要な位置を占めていた。これによって、西部地域の交通が便利になることは言うまでもないが、西部地域のエネルギー資源を東部地域へ運ぶことがこれまで以上に容易になるという経済統合の狙いが見え隠れしていると言えよう。

この西部大開発政策により、西部の少数民族地域のエネルギー資源開発は活発に行われることになった。それにより、序章でも述べたように2009年に初めて内モンゴルの石炭の生産量が山西省を抜いて全国トップになった。チベットと雲南省は2003年から水力による発電量が急増し、雲南省は2008年から電気の供給省に転じた。新疆における油田や天然ガスの開発はさらに強化され、内モンゴル、新疆はさらに多くのエネルギー資源をほかの省に供給するようになった[56]。

西部大開発政策により、少数民族地域のエネルギー資源開発が進み、西部各地域の経済成長にも拍車がかかった。しかし、これは決して良いことばかりではない。なぜならば、資源開発によって少数民族地域では、これまで以上に様々な社会問題が噴出しているからだ。つまり、西部大開発政策が民族問題を解決するどころか、新たな問題が生じていることが明らかになってきている。そこで次では、内モンゴルの資源開発の経緯について述べたうえで、西部大開発政策が内モンゴルという中国の少数民族地域にどのような問題を生じさせているのかを論じていきたい。

2　内モンゴル自治区における資源開発の経緯

2-1　中国における内モンゴルの位置付け

2-1-1　中国の一部としての内モンゴル

日中戦争が終わろうとしていた頃、内モンゴル地域は多くの諸勢力が混在する複雑な局面に直面していた。具体的には、満州国のモンゴル統治機関にて勤務していたモンゴル人ボヤンマンドフ（博彦満都）やハフンガー（哈豊阿）によって、1946年1月にゲゲンスムで東モンゴル人民代表大会が開催された。この会議は1月16日から21日まで行われ、そこには内モンゴル各地から多くの代表が駆けつけた。中には中国共産党の代表も参加したという。そして、会議終了後の2月25日にジリム盟、ジョオド（昭烏達）盟、ジョスト（卓索図）盟及びフルンボイル（呼倫貝爾）、ブトハ（布特哈）やイケミンガン（依克明安）旗、ドルベド（杜爾伯特）旗、ゴルロス（郭爾羅斯）前旗、ゴルロス後旗を含めた「東モンゴル人民自治政府」の樹立が決定された[57]。

一方、内モンゴル中西部では、日本の敗戦直後にシリンゴル盟の西スニド（蘇尼特）旗のウンドル廟にて「内モンゴル人民共和国臨時政府」がボヤンダライ（補英達頼[58]）らによって設立された。しかし、その直後に中国共産党のウランフ（烏蘭夫）、奎璧らによって解体され、1945年11月に張家口において中国共産党寄りの「内モンゴル自治運動連合会」が発足する。その結果、内モンゴルは東・西両勢力がそれぞれの勢力拡大を目指し、双方の力は当初拮抗状態であった。東部ではハフンガーが、トムルバゲン（鉄木爾巴根）、ポンスク（朋斯克）らを集めて、「内モンゴル人民革命党」を復活させた。この「内モンゴル人民革命党」とは1925年に創立されたモンゴル人政党であったが、その後事実上活動停止状態になっていたものであり、これをハフンガーらが1945年に復活させたのだった。

このような動きに対し、西部側で中国共産党寄りのウランフらの勢力は、「東モンゴル人民自治政府」と「東・西内モンゴル統一」についての話し合いを持ちかけ、積極的に接触し始めるようになった。そして、1946年4月3日に承徳において東・西両内モンゴルのリーダたちによる会談（四・三会議）が開かれることになった。この「四・三会議」において、東・西内モンゴルの統合に向けた激しい論争が展開され、最終的にウランフらが主導権を握るようになった。

この会議を受けて、ハフンガーらは同年5月に東モンゴル臨時人民代表大会を開き、「東モンゴル人民自治政府」の正式解散を宣言した。内モンゴル人民革命党も、翌年に周恩来による「内モンゴル自治問題に関する東北局の意見への中央の再指示」によって解散させられた。そして、1947年4月23日から5月3日まで、王爺廟（現ウランホト）において内モンゴル人民代表大会が開催され、その結果内モンゴル自治政府が誕生し、同政府の主席にウランフが就任することになった。そして、その2年後の1949年9月に開催された第一回全国政治協商会議以後、内モンゴル自治政府は内モンゴル自治区と改称されることになった。つまり、中国政府は内モンゴル自治政府の名称に含まれている「自治政府」という文字の使用を禁じた。このことによって、内モンゴルは民族自治の可能性を失い、中国に属する1つの行政区としての道を歩むようになったのである。

2–1–2 「モンゴル」の一部としての内モンゴル

モンゴル族はモンゴル国、中国、ロシア連邦共和国など複数の国家に跨って居住している。そのモンゴル民族の総人口は900万人以上と推定されている。その中の約450万人が中国の内モンゴル自治区に居住している。この数字は、独立国であるモンゴル国の人口約275万人より遥かに多く、自治区とはいえ内モンゴルは相当数のモンゴル民族が暮らす「モンゴル世界」であると言える。つまり、中国では少数民族である内モンゴルのモンゴル族を研究することは、「モンゴル世界」を理解するうえでも大きな意義があるのである。さらに本研究の主題である内モンゴルにおける資源開発は、広く「モンゴル世界」全体の問題でもある。内モンゴルは中国政府による資源開発ブームの最中にあるが、モンゴル国でも草原のあちらこちらで地下資源開発が行われている。ただし、モンゴル国の場合は政府が主導しているのみならず、世界各国のグローバル企業が参入している点が異なる。つまり、現在のモンゴル高原は一般にイメージされる牧畜業の世界よりも、様々な鉱脈の発見により草原が次々と掘り返されている地下資源開発地帯が広がりつつあるのだ[59]。

そもそも、チンギス・ハーンの建国以来、モンゴル人は、現在のモンゴル国の領域より遥かに広い領域に居住してきた。ところが、現在、モンゴル人は多国家に分断されている。本来、中国とは異なる文化や独立した政治組織を持っていたはずのモンゴルが、南半分が中国の領土（内モンゴルや新疆や青海省の一部）となってしまったのには、理由がある。その中で、現在多くのモンゴル民族が住んでいるモンゴル国と内モンゴルの歴史について簡単に触れておきたい。

1636 年にゴビ砂漠の南にいたモンゴル諸部は清朝に征服される。そしてその半世紀後の 1691 年に、西部モンゴル諸部族との紛争のために避難していたゴビ砂漠北部のモンゴル諸部も、この時以降清朝の支配下に入った。この異なる時期に清朝の支配下に入ったモンゴル諸部族に対して、清朝は異なる統治方法を取った。その違いが、今日の「外モンゴル」と「内モンゴル」という行政範囲形成の源である、と言われている[60]。

清朝の支配下にあった内・外モンゴルでは、清朝の崩壊とともに独立を目指すことになる。1911 年に辛亥革命が起きると、モンゴルでも独立運動が始まり、チベット仏教の活仏ジェブツンダンバ・ホトグト 18 世を主権者とする国家の独立を宣言し、いわゆるボグド・ハーン政権が誕生した。その後 1915 年に、モンゴル政権、ロシア帝国、中華民国の間でキャフタ条約が締結され、中華民国の支配下における外モンゴルと呼ばれる地域が独立国から自治政府の地位に貶められた結果、外モンゴル自治政府と名を変える。しかも、このとき、独立運動に重要な役割を果たした内モンゴル地域は自治政府の枠外に切り離された。

その後1921年7月になると社会主義者たちの影響力が強くなりモンゴル人民政府が成立され、1924年には世界で二番目の社会主義国としてモンゴル人民共和国が誕生する。ただし、このモンゴル人民共和国は周知の通りソ連邦の影響を大きく受け、「衛星国」的存在であった。だが、冷戦崩壊後民主化され、今日のモンゴル国はそこに発する。

一方、清朝崩壊後の内モンゴル地域は中華民国の支配下に入り、周辺軍閥によって分割統治され、混乱した状態に陥る。また、1931年9月18日に奉天（現在の瀋陽）郊外の柳条湖付近の南満州鉄道線路上において爆発事件が起きた。それを契機に、日本の関東軍は中国東北部の全土に進出し、1932年に日本による傀儡政権とも言われる満州国を成立させた。その際、内モンゴル東部は満州国の一部として組み込まれた。

一方で、満州国の支配下に入らなかった内モンゴル地域の中には、中国国民党政府に対して自治を求める動きがあった。具体的に言うならば1933年、シリンゴル盟の西スニドの王であったデムチョクドンロブ(徳王)の動きである。彼は内モンゴルの王公らを集めて会議を開き、国民党政府に対して自治を要求し、そして1934年にモンゴル地方自治政務委員会（百霊廟蒙政会）を設立した。しかし、国民党政府は内モンゴルにおける自治を認めようとしなかった。そこでモンゴル人たちは別の選択肢も模索しながら引き続き様々な形で活動を続けた。

その一つとして、1936年に日本軍の支援のもと、モンゴル(蒙古)軍政府を樹立させる動きが挙げられよう。さらに翌1937年には、モンゴル軍政府を改めモンゴル連盟自治政府をフフホトに開いた。2年後の1939年に日本軍によってつくられた察南自治政府と晋北自治政府の2つの政府が併合されモンゴル(蒙古)連合自治政府となった。だが、日中戦争の終焉とともにこのモンゴル連合自治政府も解体されることになった。

その後もモンゴル人による独立・自治運動は引き続き行われ続ける。その最たるものが、内モンゴル東部を勢力下としていたハフンガーらが中心となって、当時のモンゴル人民共和国と合併を求めた運動である。しかし、この動きはモンゴル民族の強大化を嫌うソ連邦の意向を受け、モンゴル人民共和国はハフンガーらの申し入れを拒否し、実現には至らなかった。その後は、先にも述べたとおり1947年、ウランフらの中国共産党の勢力に内モンゴル自治政府として吸収され、中国国内の1つの行政単位である内モンゴル自治区になる。

なお、ここで注意すべき点は内モンゴル「自治区」という名前とは裏腹に、そこで暮らすモンゴル人はすでに指摘した通り18%程度に過ぎないマイノリティとなってしまっている、という点である。繰り返すが、そもそもモンゴルは中国とは異なる文化と独立した政治組織を持っていた民族である。しかし、現在では、内モンゴルのモンゴル人社会は、漢人の大量の流入と大規模な資源開発により、ますます民族の自立性は弱体化している。本研究で論じるホーリンゴル地域においても、モンゴル社会の変容が実に大きい。もちろん、この変容とはいわゆる「伝統的なモンゴル」的文化が姿を消しつつあるということである。

上述のようにモンゴル民族は、中国に限らず多くの国々に跨って暮らしている。かつて北と南に分かれたモンゴル民族を統一しようという動きがあったが、結局、中国やロシアなどの国際的影響や内部の事情により、中国の内モンゴル自治区とモンゴル国に分断されて居住するようになってしまったのである。

2-2 「草原鋼城」——包頭市の設立

包頭市は、現在、人口250万人強を誇る中国北部屈指の鉄鋼都市である。中国建国後、内モンゴルにおける資源開発は、本来モンゴル語で「ボゴト(鹿の多いところ)」と呼ばれてきた包頭地域から始まった。この地域は、かつて鹿などの狩猟動物が多く住んでいた自然豊かな森林草原地帯であった。そこに住んできたのはモンゴル遊牧民たちで、当然、100年も遡れば、漢族もいなければ、都市も存在していないような場所であった。後に漢字で付けられた都市名の「包頭」とは、ボゴトの漢字による当て字である。

建国初期、辺境地域の豊かな地下資源を利用して、工業化を進める方針が打ち出され、国家重点プロジェクトが包頭地域を中心に実施された。それにより、包頭地域で工業拠点建設が積極的に行われ、それは新たな都市を建設するまでに至る。次に、工業化による都市建設の経緯を振り返りながら包頭市の戦略的意義を確認したい。

2-2-1　バヤンオボー鉄鉱床の発見

1927年に国民党政府の下、スウェーデンとドイツの援助を受け、内モンゴルや新疆などの地域の地質調査を行う西北科学調査団が組織された。この調査団には中国側から10人、スウェーデンとドイツから17人が参加した。調査団はまず内モンゴルで地質調査を行った。その際、調査団の一員である北京大学地質学部の助手丁道衡が、バヤンオボー（白雲鄂博）鉄鉱床を発見したと言われている[61]。バヤンオボーとは、この地域のモンゴル人が祭っていた山の名前であり、この山の上に鉄鉱石で建てられたオボーがあったという。鉄鉱の鉱脈もこの山で発見されたため、バヤンオボー鉄鉱床と称されるようになった[62]。その後、1935年に地質学者の何作霖が、バヤンオボーの鉱石に希土類元素が含まれていることを確認した。1944年には同じく地質学者の黄春江がバヤオボー鉄鉱床周辺を探索し、さらに2か所の鉄鉱石の鉱床を発見した[63]。

2-2-2　バヤンオボー鉄鉱床の開発と包頭市の建設

中華人民共和国建国後、バヤンオボー鉄鉱床は第一次五カ年計画期に建設される鉱区と指定された。そして、1950年に北京地質調査所[64]の下、バヤンオボー鉄鉱床調査隊が組織され、バヤンオボー鉄鉱床における調査や測量が行われた。ちなみにバヤンオボー鉄鉱床調査隊は、後に241隊と呼ばれるようになった。地質調査隊員の250人は北京の石景山鋼鉄工場から来た人々で、それ以外に北京、上海、雲南、四川からの幹部や技術者が加わった。241隊の調査や測量により、バヤンオボー鉄鉱床は概ね主鉱、東鉱、西鉱、南鉱と北鉱の5つの鉄鉱床から成っていることが明らかになった。そして、241隊は1951年から1955年まで詳細な踏査を繰り返し行い、1954年には包頭鋼鉄公司（以下包鋼と略す）が設立され、バヤンオボー鉄鉱床はその管理下に置かれた。1956年から1958年の間、さらに遼寧省の鞍山鋼鉄所や本渓鋼鉄所と北京などから5,000人規模の設計員及び生産員が包鋼に派遣された[65]。

1958年に大躍進運動が始まると、包鋼の建設がさらに強化され、『人民日報』にも「保証重点、支援包鋼（包鋼を支援して、建設の重点を保証しよう）」と「包鋼為全国、全国為包鋼（包鋼は全国のために、全国は包鋼のために）」というスローガンが次々と掲載され、全国各地から応援隊が派遣された。人民解放軍の汽車隊、野戦病院や海軍まで包鋼の建設に駆り出され、水源地などの建設に加わったそうだ。また、鞍山鋼鉄、大連重型機械工場、大興安嶺林業部門、唐山鋼鉄工場などからも、包鋼への支援のため人材が派遣された。それ以外にも、全国各地から多くの物質支援なども行われた。そして、1959年9月に包鋼の第一号製鉄炉が建設され、初の鉄が生産された[66]。包鋼は全国からの支援があったとはいえ、短期間で大規模な建設が行われた。そのため、その後の調整政策により、縮小化がはかられている。なお、バヤンオボー鉄鉱床の調査や測量、そして包頭市の建設などは、当時の国際状況が反映してすべてソ連の専門家による指導や計画、支援のもとで行われていた。一方、上述のように包鋼及び包頭市の建設は全国の支援のもとで行われた。これは、当時の中国政府が包頭における製鉄事情をそれだけ重視していたと言えよう。

だが、1965年から内モンゴル自治区における「小三線建設[67]」の拡張のため、包頭市の3つの軍需工場が現在の烏海市に移転され、そこには新たに別の軍事工場が建設された[68]。さらに1969年には、内モンゴル生産建設兵団が建設され、包頭市では工業団を組織し生産活動を行うようになった。そして、包頭市の砂利採掘場、バルブ工場、トラクター修理場などを管理していた。また、製紙工場、無線電信装置工場、無線電信機械工場、鉄球工場なども新たに建設された[69]。

中華人民共和国建国後、包頭市はバヤンオボー鉄鉱床の発見を契機に、原材料工業基地の建設をスタートした。そして、国家の156項重点建設プロジェクトの一環として、バヤンオボー鉄鉱床の開発、第一と第二機械工場、第一と第二発電所、砂糖工場の建設の6つの項目が包頭市で行うべきこととされた。

さらに1953年から国家計画委員会と包頭市は、新たな工業都市の建設に乗り出し、包鋼の建設と同時に進めた[70]。これは、資源開発が単にその地域の資源を掘り起こすだけでなく、これに伴って大規模な人口移動を引き起こし、その結果なんと新たな都市まで建設してしまうという、驚くべき例であった。しかし、中国の少数民族地域における資源開発では、このような例が少なくない。なぜならば少数民族地域にはモンゴル高原のように、もともと人口が希薄な地域が多いからだ。だからこそ、資源開発に伴い都市も同時に建設することが可能であったのである。

もっとも包頭市の場合は、資源開発以前からある程度の規模の「都市」であった。だが、バヤンオボー鉄鉱床の開発以後の都市の巨大化は目を見張るものがある。建国直後、包頭市の人口は13万人であった。ところが、1980年代初頭にその10倍以上の156万人となり、そのうち漢族は149.7万人で総人口の96%を占め、モンゴル族は2.37万人で総人口のわずか1.5%を占めるに過ぎない[71]。この漢族とモンゴル族の大幅な人口格差は、資源開発による人口移動の大半が漢族移民であることをよく示している。ちなみに、2006年になると包頭市の総人口はさらに大幅に増え、245.76万人に達した[72]。

現在の包頭市の総面積は2,591平方キロで、市は東河、青山、ホンドロン（昆都侖）、九原、石拐、バヤン（白雲）の6つの区とトメド（土黙特）右翼旗、ダルハン・モミンガン（達爾罕茂明安）聯合旗、固陽県から成っている[73]。包頭市は鉄鋼、電力、石炭化工、レアアースなどの産業を中心とした重工業都市として、中国全土でもその名が知られている。中でも特にレアアースの産出は重要な産業であり、国家級の包頭レアアースハイテク開発区が設置されている。今後は、外資系の企業もレアアースなどの工業を中心に集積するのではないか、と考えられる。

以上見てきたように、包頭市は全国各地からの支援の下、鉄鉱床開発によって建設された都市である。中国少数民族地域の中でも最初に建設された工業都市であり、少数民族地域における資源開発政策の先駆的存在でもあった。この包頭市の建設を通して、少数民族地域における資源開発を強化し、少数民族に対する支援を宣伝する狙いもあった、と考えられる。しかし、その実態は包頭市における漢族人口の激増度から分かるように、決して少数民族にとって歓迎できる開発とは言えなかった。そして中国政府は、政府に忠誠な漢族労働者層をこの都市に形成させ、彼らを通じて少数民族を掌握し、辺境地域に対する支配体制を固めたのである。

2-3 内モンゴル初の炭鉱都市——烏海市の設立

内モンゴル西部、黄河の上流に隣接する烏海地域の石炭の採掘は、清朝時代から個人規模で行われていたという。中華民国期も個人規模の石炭採掘が主流であり、個人が経営する小規模の炭鉱が12程度あって、年間生産量が8万トンであり[74]、それなりの産出量だったようだ。

中華人民共和国設立後、1951年に烏達地域の炭鉱がアラシャ（阿拉善）旗人民政府の管轄下に入り、「地方国営烏達炭鉱」が設立されたが、当時、労働者はわずか13人しかいなかった。その後の1953年に老石旦地域の炭鉱がオトク（鄂托克）旗人民政府の管轄下に置かれ、「地方国営老石旦炭鉱」が成立され、その時小規模の炭鉱は22程度で、労働者数は230人であった。さらに、同年に華北地質局がイヘジョー（伊克昭）盟卓子山地域でも調査と測量を行った。そして、1955年に海勃湾地域にイヘジョー盟卓子山鉱区弁事処が設置されることになる[75]。このように、建国直後は、まだまだ小規模な炭鉱であったことが分かる。

ところが1958年に大躍進運動が始まると、国家建築工程部はイヘジョー盟卓子山鉱区に60万トン規模のセメント工場をつくることを決定する。この決定により、多数の関係者がイヘジョー盟卓子山鉱区に派遣されることになった。そして、この頃オトク旗と卓子山鉱区では6,000人の労働者を数えるようになり、大煉鋼鉄（製鉄運動）運動が展開された。この運動は、大躍進運動の影響を受けたものであろう。後に、イヘジョー盟から4,500人の労働者が組織され、卓子山鉱区の石炭開発に参加させた。バヤンノール（巴彦淖爾）盟でも多くの人々を組織し、烏達鉱区の石炭の探索と開発を行わせた。その際の人数の内訳は、バヤンノ—ル盟内の旗や県からの4,600人、そして包頭、大同、撫順などからも幹部や労働者1,400人が派遣され、それ以外にも学生が加わり全部合わせると11,000人に達した。

またこの地域の農耕開発として、オトク旗は3,000人余りを「黄河水利遠征軍」として組織し、卓子山鉱区の黄河沿岸地域で大規模な灌漑用の水利建設を行わせ、1958年に海勃湾野菜人民公社が設立された。さらに同年烏達鉱区でも烏達鉱区野菜大隊が成立され、穀物や野菜の栽培面積が1,600ムーに達した。そして1958年11月に烏達鎮が建設され、バヤンノール盟に所轄された。これらの農耕開発は、草原の耕作地化という意味だけでなく、炭鉱労働者たちの食糧供給地としての意味合いがあったのではないか、と考えられる。

その後、1959年に烏達鉱務局と卓子山鉱務局がそれぞれ建設され、卓子山鉱区が県レベルの行政機関となり、イヘジョー盟の所轄とされた。発電所や炭鉱区の建設と同時に鉄道建設も始められ、石炭の採掘が徐々に大規模化していく。1961年になると、烏達鎮と卓子山鉱区人民委員会がそれぞれ廃され、烏達市と海勃湾市に改められた[76]。

「三線建設時期」の1964年に内モンゴル自治区政府は中国政府の指示の下、海勃湾市の卓子山の周辺に「小三線」をつくり、武器を生産する軍事工場を建設した。軍事企業には内モンゴル第一、第二、第三通用機械工場が含まれている。それ以外に、補助企業として道具製造工場、工作機械修理場、木工生産工場及び小型発電所もつくられた。これらの工場は大体15年ほど軍事機材を作り続けた後、一般向けの製品を製造する工場へと変わっていった[77]。

1969年に内モンゴル自治区に生産建設兵団が建設されると、海勃湾市で生産建設兵団によるガラス工場の建設が始まった。まずは1970年に現役兵士、退役兵士さらには全国16省や市などからの「知識青年[78]」と呼ばれる若者が合わせて540人派遣された。そのほかに、炭鉱開発や耕地開墾による野菜の栽培などのため、1969年と1970年に約5,000人の生産建設団員や全国各地からの「知識青年」が派遣されている[79]。その後、1975年に国務院の通達により、バヤンノール盟の烏達市とイヘジョー盟の海勃湾市の合併が決定され、内モンゴル自治区所管の烏海市となった[80]。

烏海地域は、もともとモンゴル人の遊牧を行っていた牧草地であった。建国よりも前から小規模の炭鉱が存在し採掘が行われていたものの、彼らの生業の中心はやはり牧畜業であった。建国後、農業化・工業化が進み、中でも特に石炭などの資源開発による工業化が急速に進んだ結果、都市建設に至った、と言えよう。この過程は、先に見た包頭市と同じである。そして、工業化に伴い、人口も増えていった。1947 年の 288 人から 1957 年には 2,934 人まで増加し、さらには 1959 年になると 86,035 人となり[81]、その急増ぶりには驚かされる。このような増加には、もちろん人為的政策的背景が存在している。つまり、資源開発などに関わる人材が集められた結果と言えよう。その後も増加し続け、2008 年には 50.06 万人に達した。ところが、そのうち少数民族は 31,242 人で、総人口の 6%ほどに過ぎない[82]。現在、烏海市の総面積は 1,754 平方キロで、市は烏達区、海勃湾区、海南区の 3 つの行政区に区分されている。近年烏海市ではさらなる石炭資源の開発再編が行われており、今後も石炭化学工業を拠点とした資源型工業都市としての位置はしばらく変わらないと考えられよう。

おわりに

中国の少数民族地域は人口、居住地域の広さや地理的位置などにおいて中国の中で重要な位置を占めている。ところが、中国経済の急成長に伴い、地下資源開発が重点的に行われるようになり、これまで少数民族が生活するうえで依拠してきた草原などの環境が急速に減ってきている、と考えられる。つまり、地下資源開発によって少数民族の地域社会は大きな変容に強いられていると言えよう。

一方中国政府は、建国から改革開放政策が実施されるまでのかなりの時期、内陸での経済開発政策を実施した。その中で少数民族地域における農業開発や地下資源開発が積極的に行われた。しかし、これらの開発の目的は決して少数民族のために行われた開発ではなく、中国中央の政策的影響によるところが大きい。そのため、大躍進運動や「三線建設期」に資源開発が積極的に進められる。ここで考えられるのは、重工業や国防のための軍事工業のことであった。そのため、その地域の原住民である少数民族の人々の生活は向上することなく、かえって自然環境が破壊され、経済が停滞する結末になった、と考えられる。この際に、大規模な漢族移民によって開発が進められたことも、少数民族への配慮を欠いた開発であったことを意味し、見落としてはならない点である。1966年に文化大革命が始まると、生産建設兵団が全国に展開され、兵団による資源開発が少数民族地域でも行われた。これには、少数民族統治の強化という狙いもあった。その後、文化大革命が終了すると、ようやく少数民族への政策の見直しが行われるようになる。しかし、彼らの利益を考えた開発が行われるようになったとは言い難い。

1970年代末から1980年代初頭にかけて、改革開放政策が打ち出され、沿海地域を中心とした経済開発政策が始動した。その際、少数民族地域は原材料の基地として位置づけられた。その後、西部大開発政策が打ち出され、開発の重点が沿海地域から少数民族地域に移される。しかし、この資源開発が少数民族の人々のために行われている開発であるか否かが問われている。

少数民族地域における資源開発政策において、内モンゴル自治区は先駆的な存在であった。特に包頭市は沿海地域の原材料の供給地として、烏海市は北京や天津の石炭の供給地として建設された、という経緯を持つ。だが、これらの都市建設は少数民族地域の資源を利用するためのものに過ぎず、少数民族の利益が考えられていたとは言い難い。

さて包頭市や烏海市に関わるすべての問題をここで取扱うことは困難であるが、この２つの都市が内モンゴルにおける資源開発都市の代表例であることは間違いない。だが、内モンゴルにおける資源開発都市はこの２都市に留まらない。以下では、これまで研究事例が少ないホーリンゴル市を事例とし、中国の少数民族地域における資源開発の実態をさらに詳しく検討していきたい。

【註】

24. 毛沢東が 1945 年に「連合政府論」で連邦制と自決権を提起したが、中華人民共和国が成立した後の 1951 年に少数民族の自決権を否定して区域自治権を主張するようになった。
25. 中華人民共和国国家統計局編『中国統計年鑑 2011』(電子版)によるものである。
26. 中華人民共和国国家統計局編『中国統計年鑑 2011』(電子版)によるものである。
27. 国連連合経済社会局人口部の作成した『世界の人口推計 2011 年版』のデータによる 2010 年の推計人口によるものである。
28. 国連連合経済社会局人口部の作成した『世界の人口推計 2011 年版』のデータによる 2010 年の推計人口によるものである。
29. 星野昌裕(2011)32 ~ 33 頁。
30. 星野昌裕(2011)32 ~ 33 頁。
31. 各地域の経済概況、政策動向および事業環境(各論)Copyright (C) 2012 JETRO. All rights reserved.78 頁、55 頁。
32. アムール川(黒龍江)、松花江、ウスリー川(烏蘇里江)に囲まれた平原地帯で行われた黒龍江省の大規模な開墾のこと。国営農場が 109 個もつくられたと言われている。
33. 生産師とは人民解放軍の正規軍隊の場合、一個団は約 1,500 人によって構成され、一個師は 5 ~ 6 の団から構成されることが多い。ここで言う生産師と生産建設兵団というのは組織そのものを指す場合が多い。その規模は地域によって異なるが、正規軍隊の同じレベルの組織より大きいものがほとんどであったと思われる。
34. 立石昌広(2007)96 ~ 97 頁。
35. 史衛民、何嵐(1996)18 ~ 19 頁。
36. 張敦富主編(1998)106 頁、王夢奎、李善同等編(2000)13 ~ 17 頁。
37. 小島麗逸(1997)17 頁。
38. 小島麗逸(1975)31 ~ 32 頁。
39. 加藤弘之、上原一慶(2004)128 頁。
40. 毛里和子(1998)105 ~ 106 頁。
41. 中国社会科学院経済研究所中国西部開発研究グループ(1994)174 頁。

42. 毛里和子（1986）59～60頁、中国社会科学院経済研究所中国西部開発研究グループ（1994）174頁。
43. 毛里和子（1986）60頁。（何建章、王積業主編（1984）『中国計画管理問題』北京、中国社会科学出版社、657～658頁。）
44. 史衛民、何嵐（1996）10～22頁と142～148頁。
45. 包宝柱（2012）56～59頁。
46. 20世紀末までに、国全体で、工業・農業・国防・科学技術の4つの分野で現代化を達成することである。1964年に周恩来が全国人民代表大会の政府報告で提起したことが最初であり、具体化していくのは文化大革命が終息した後のことである。
47. 改革開放政策を実施以後、中国の農村地域に立地された中小企業の総称である。「郷鎮企業」はそもそも人民公社時代に「社隊企業」と呼ばれていた機関を衣替えしたものであり、経営形態は私・村・郷・鎮営など多岐に渡っている。この「郷鎮企業」が、中国の市場経済による急成長を牽引する役割を果たした、とも言われている。
48. 小島麗逸（1997）113～114頁。
49. 1992年に鄧小平が武漢市、深圳市、珠海市、上海市などを視察し、各地で改革開放のさらなる加速を呼び掛けたものである。
50. 服部健治（1994）355～358頁。
51. 『朝日新聞』1996年2月2日。
52. 『読売新聞』1997年2月18日。
53. 例えば、全国政治協商会議主席の李瑞環は、統一戦線工作部主催の民族工作会議に出席した際、少数民族地域における経済の立ち遅れが国家の長期的安定の保障を脅かしているとして、地域の経済を発展させることが、民族問題を解決する根本的な道であると述べている。（国分良成、星野昌裕（1998）440頁。）
54. 加藤弘之、上原一慶（2004）142頁。
55. 魏后凱（2001）66～70頁。
56. 小島麗逸（2011）75～84頁、田暁利（2011）100頁。
57. 毛里和子（1998）192～193頁、ボルジギン・ブレンサイン（2009）76～78頁。
58. 徳王（デムチョクドンロブ）の叔父で、蒙疆連合自治政府時代は最高裁判所長官を務めていた。

59. 包宝柱、ウリジトンラガ、木下光弘（2013）63 ～ 72 頁。
60. フフバートル（1999）41 ～ 42 頁。
61. 包頭市地方志史編修弁公室、包頭市档案館編（1980）30 ～ 33 頁。
62. 包頭市地方志史編修弁公室、包頭市档案館編（1980）30 ～ 33 頁。
63. 包頭市地方志史編修弁公室、包頭市档案館編（1980）30 ～ 43 頁。その他にも、日本の地質研究者はバヤンオボー鉄鉱床の周辺で地質調査を行い、地質図や調査報告書を書いたことが知られている。（包頭市地方志史編修弁公室、包頭市档案館　編（1983）44 ～ 45 頁。）
64. 1950 年 10 月に中国地質工作計画指導委員会が成立され、その下に全国鉱産地質探査局が置かれたため、1951 年 5 月に北京地質調査所が撤回された。さらに、1952 年に中国政府は地質部を設置して、全国鉱産地質勘探局と中国地質工作計画指導委員会を撤回した。それにより、241 隊が地質部の直轄勘探隊になった。そして 1955 年から 241 隊は地質部華北地質局の下に置かれた。
65. 包頭市志史館、包頭市档案館編（1983）43 ～ 61 頁。
66. 包頭市地方志史編修弁公室、包頭市档案館編（1980）34 ～ 50 頁。
67. 三線建設期に西南・西北・湖南・湖北・江西などの地域で大三戦建設が行われ、各省・自治区の戦略的後方の小三線建設が大規模に、激しい勢いで展開された。この「大三線」地域に対して、各省・市・自治区に 1970 年代初頭に盛んに作られた地下工場、地下壕がいわゆる「小三線」を意味している。（毛里和子（1986）60 頁）
68. 包頭市地方志編纂委員会編（1995）217 頁。
69. 史衛民、何嵐（1996）143 頁。
70. 包頭市志史館、包頭市档案館編（1983）68 ～ 81 頁。
71. 内蒙古自治区共産党委員会政策研究室編（1985）38 頁。
72. 内蒙古自治区統計局編（2007）503 頁。
73. 内蒙古自治区統計局編（2007）597 ～ 613 頁。
74. 烏海市志編纂委員会編（1996）211 頁。
75. 烏海市志編纂委員会編（1996）213 頁。
76. 烏海市志編纂委員会編（1996）30 頁、179 ～ 181 頁。
77. 烏海市志編纂委員会編（1996）180 頁。
78. 知識青年とは、そもそも中華民国期に抗日宣伝活動のために農村に派遣（下放）された都市部の知識人の若者を指していたが、ここでは中華人民共和国成立後、1950年代後半の反右派闘争やその後に起きた文化大革命という特別な歴史的背景のもとで都市部から農村部に下放された知識青年のことを指す。このとき毛沢東は、都市部で深刻化していた失業問題を解決するために、大量な若者を農村地域へ再教育させるという名目で下放させた。

79. 烏海市志編纂委員会編（1996）180頁。

80. 烏海市志編纂委員会編（1996）853頁。

81. 烏海市志編纂委員会編（1996）125～127頁。

82. 烏海市人民政府のホームページを参照。http://www.wuhai.gov.cn/hhmz/whrk/

第2章
生産建設兵団と炭鉱都市ホーリンゴル市の建設

はじめに

まずこの章の初めにおいて、20世紀、中国共産党によって生み出された特殊な組織「生産建設兵団」について概説しておきたい。生産建設兵団は、中国共産党の軍である人民解放軍に辺境防衛の任務だけでなく生産活動までも兼務させたものであり、さらには独自の裁判所、検察、警察署、銀行、病院や大学などの機能まで備えられている。つまり、党、政府、軍隊や企業の4つの機能を1つに集積させたきわめて特殊な組織である。さらに、この組織の特徴として、地方政府の干渉を受けることなく、中央政府直轄のもとで独自の行動が行えるため、まるで「独立王国」のような存在であった。

この生産建設兵団については新疆ウイグルでの活動が比較的よく知られており[83]、新疆生産建設兵団は、新疆ウイグル自治区政府[84]と同等の権力を持つと言われ、現在もなお存在している。

ではなぜ新疆において生産建設兵団が設立されたのだろうか。その理由は、新疆ウイグルという場所が中国とソビエト連邦という社会主義の両大国による国境紛争が繰り返される地域であり、また1960年代からは中・ソ論争が激しさを増したため、国防上大変重要であったからだ。具体的には1954年に新疆に生産建設兵団がつくられるが、これは中国初の大規模な生産建設兵団であった。そして、この組織は軍として辺境を防衛する任務を担うだけでなく、1960年代から当時文化大革命によって混乱した国内情勢を安定化させ、一時期ではあるが中国全土に拡大された。生産建設兵団の構成員は現役軍人だけでなく、全国各地から辺境支援を目的に集められた若者と労働者、退役軍人らも含まれる。この新疆ウイグル自治区でつくられた生産建設兵団は、そのほかの少数民族居住地域でつくられた生産建設兵団と同様に、漢族が90％以上を占めるという民族的特徴がある。
1960年代に、生産建設兵団は多くの少数民族地域で相次いでつくられていったが、新疆を除けば1970年代後半頃までには中国共産党によってほとんど統廃合された。しかし、各地で生産建設兵団がつくられる過程で多くの漢族が少数民族地域に入植し、その地域の経済、社会や文化に深刻な影響を与えた。その意味において、生産建設兵団に関する研究は中国の現代史、特に今日の少数民族地域の変化を理解するうえで欠かせないものであると言えよう。しかしながら、生産建設兵団に関する研究はほとんどなされてこなかった。
本章では、以上のような問題意識を踏まえて、生産建設兵団の歴史的背景を概観するとともに、生産建設兵団による地下資源開発とその影響について考察したい。中でもとりわけ中国初の少数民族自治区で、新疆に続いて生産建設兵団が大規模につくられた内モンゴル自治区に着目し、内モンゴル自治区の東部地域に新設された炭鉱都市ホーリンゴル市の建設過程を具体的に取り上げながら生産建設兵団が少数民族地域の資源開発を行ったことについて考察したい。

1　生産建設兵団設立の歴史的背景とその規模

1–1　新疆生産建設兵団設立の歴史的背景

なぜ新疆に大規模な生産建設兵団がつくられたのだろうか。その背景には、少数民族問題があると考えられる。そもそも中華人民共和国の建国宣言がなされた1949年10月1日時点では新疆やチベット地域における中国共産党支配が十分に確立されておらず、少数民族政策も決して制度化されたものではなかった。建国宣言後の1949年10月に人民解放軍がウルムチ（烏魯木斉）に進駐して、新疆を「解放」し、同年12月に新疆省人民政府が成立される。その後、新疆では「減租減息、反悪覇運動」（地代や借金利息の減額、悪徳地主を裁判にかける）と呼ばれる革命運動が行われる。それと同時に、国民党の残存勢力や匪賊(ひぞく)[85]の制圧やウイグル人民族指導者の事故死により、中国共産党による政治基盤が確立していくことになる。そして重要なこととして、中央軍事委員会が、新疆に進駐している人民解放軍の食糧問題を解決するために「1950 年軍隊の生産建設活動への参加に関する指示」(軍委関于一九五〇年軍隊参加生産建設工作的指示[86]) を発布した。これを受け、新疆駐屯軍は「大生産運動」という形で食糧生産活動を行うようになる。つまり、この中央軍事委員会の指示以降、新疆駐在の人民解放軍による農地開墾が行われることとなり、各地に開墾農場が数多く設立されることになった。また 1952 年の末頃から土地改革運動[87]も行われるようになり、これまで以上に農地開墾が進められた。

そもそも新疆で伝統的に暮らしてきたいわゆる少数民族と、建国後開墾を進める漢族を中心とする人々との間では様々な面で大きな違いがある。たとえば、生活様式、習俗、文化や生業形態と、異なる点が実に多い。また宗教的にイスラームを信仰する民族も多く、新疆地域における 12 の中心民族のうち 7 つの民族[88]がイスラームを信仰している。宗教を重視する彼らの生活と、新たに入植してきた人民解放軍との間でたびたび摩擦が生じたようだ。特に新疆地域人口の大多数を占めるウイグル族やカザフ族、キルギス族などトルコ系の諸民族は以前からこの地域に入植して来る漢民族と衝突を繰り返してきた歴史があり、彼らの対立は軽視できない問題である。

ウイグル族の場合、漢民族と同じく農業に従事する者も多いが、ウイグル族の農業はオアシスや天山山脈から流れだす貴重な地下水を利用した灌漑農業を行っており、新たに入植してきた漢民族に水資源を分け与える余裕はない。カザフ、キルギスといった彼らと同じトルコ系民族は中国国境を越え、当時のソ連領内の中央アジア地域にも数多く居住しており、中には、ソビエト連邦を形成する一共和国を持つ民族もいる。このような諸事情から、新疆の少数民族と漢民族との間の摩擦は比較的大きかったと考えられる。カザフ族やキルギス族はウイグル族と同じくトルコ系民族であるが、農耕よりも天山山脈の北部地域で遊牧を行っている者たちが多い。また彼らもソ連領内に同じ民族名の人々が多数暮らしており、いわゆる「国境に跨る民族」である。一方、非ムスリムであっても、モンゴル族、ロシア族などは、国境の外に同じ民族が主体となっている国家を有しているという違いがあることをここでは特筆しておきたい。

新疆ウイグル自治区の面積は166万平方キロで、中国の総国土面積の6分の1を占める。その広大な土地には豊富な地下資源が存在し、中国にとってきわめて重要な意味をもつ場所である。そして中国共産党政権は、長年にわたり新疆における資源開発に力を注いできた。

ちなみに中国共産党によって新疆統治が行われる以前、新疆の各民族勢力とソ連、中華民国（国民党）などが複雑に絡み合い混沌たる情勢が続いていた。第二次世界大戦終了間際の1944年9月に新疆北部のソ連国境に近いイリ（伊犁）では、ウイグル人が中心となって国民党支配に反対する蜂起が発生し、続いて1945年1月に「東トルキスタン人民共和国」中央政府の成立が宣言された。これを今日の新疆では「三区革命[89]」と呼んでいる。ただし、この「三区革命」の背後にグルジア駐在のソ連領事館の支援があったなどの説もあり[90]、その真相は未だに謎が多い。だが、新疆という地域が各民族勢力に国民党勢力や社会主義大国ソ連などが複雑に関わったという新疆特有の複雑な歴史を、この「三区革命」を通して中国共産党政権は十分認識したようである。

帝政ロシア・ソ連は実に早い段階から新疆に関心を持ち続けていた。その理由は、新疆の豊富な地下資源にある。新疆には石油、天然ガス、金、銅、アルミニウム、ウラニウム（ウラン）などの地下資源が存在していることが早くから知られており、さまざまな手段で勢力を伸ばそうとしていた。特にソ連は錫（すず）やウラニウムなどの兵器や精密機器の原材料に着目し、1940年に盛世才が率いた新疆省政府との間に「錫鉱租借条約」なるものが締結されている。またソ連は建国後の中華人民共和国との間に、ウラニウムに関する協定を結び、合併企業が成立し、ソ連は新疆のウラニウムの開発・利用に関する利権を獲得している[91]。今日でも新疆は核兵器の実験場の1つとして知られている。

さて当時、世界を二分させていた米・ソ両陣営の対立も新疆における資源開発に少なからず影を落としていたことはあまり知られていない。そもそも毛沢東は、米・ソ対立は、アジア・アフリカを中心とする地域の人々にも飛び火するという考えを持っており、中国がアメリカによる侵略の危機に直面しているだけではなく、ソ連による従属化の危機にもさらされているという認識を持っていた[92]。そのような状況下で1950年6月に朝鮮戦争が勃発した。この戦争の結果によっては、米・ソのどちらかが中国に進出する危険性を孕んでいると考えた毛沢東は領土の安定を図るため、まずは「抗米援朝（アメリカに対抗し、北朝鮮を助ける）」というスローガンのもと北朝鮮へ義勇軍を派遣する。この時、中国中央政府はこれまでの中国東北地方におけるソ連の権益を放棄させる条件として、新疆における鉱山、石油の採掘権をソ連に認めることになった。このことも、中国中央政府が新疆から目を離すことができない理由の1つであろう。

以上のことから、新疆特有の歴史問題や民族問題、そして地下資源問題や冷戦体制が、中国中央政府の新疆統治を強化する一因となったと言えよう。こうした状況のなかで、中国中央政府は新疆における人民解放軍に対して度々組織の再編を行ってきた。その一環として1954年12月に新疆生産建設兵団が設立されたのであった。さらに翌年の1955年に新疆ウイグル自治区人民政府が誕生しているが、新疆生産建設兵団の設立の方が自治区政府の成立より早いという点は注目に値する。さらに、その後の新疆生産建設兵団は文化大革命[93]の影響のため、多数の「知識青年」を受け入れざるを得なくなり、その結果組織が肥大化してしまう。また、軍事的管理を過度に強化してしまったことによって、経営がうまくいかなくなり、1975年にはこの生産建設兵団は一旦廃止されることになる。しかし、1981年になると、1950年代に新疆軍区司令官を務めた経歴のある王震[94]と、時の最高指導者である鄧小平が新疆を視察し、その結果、翌1982年6月に生産活動を中心とした生産建設兵団が復活することになり、現在に至っている。

1-2　生産建設兵団の全国的な広がり

1950年代半ば頃になると、中国中央政府が進めてきた土地改革はほぼ完成し、内戦により停滞していた経済も回復の兆しを見せ始めた。それを受け、中国は社会主義建設という経済建設運動に乗り出し、1953年に社会主義体制へ移行するための「過渡期総路線」という政策が打ち出された。具体的には農業の集団化を進めることなどが挙げられる。土地改革でようやく土地を手に入れた農民たちは、この農業の集団化政策によって土地の所有権を失うことに不満を抱きながらも、政策に抗うこともできず集団化に向かって歩み出すほかなかった。

一方で、1956年5月から「百花斉放、百家争鳴」というスローガンが提唱されるようになり、党や政府の過ちに対して自由に意見を述べることが奨励された。その結果、予想以上に党や政府に対する不満や批判の声が全国的に高まった。そこで、中国共産党中央はこうした不満や批判によって党や政府の指導体制が脅かされることを懸念し、今度は党や政府を批判する幹部や知識人らを「不満分子」であるとし、彼らに対し「右派」というレッテルを張り、1957年6月から反右派闘争として、これまで奨励された党や政府への不満を述べる者たちを「批判」の対象とする運動を全国的に展開した。それにより毛沢東を中心とする党中央に対する批判を行ないづらい状況が生まれた。

1958年中頃に「社会主義建設の総路線」が提起され、そこで、「大いに意気ごみ、常に高い目標を目指し、より多く、より早く、立派に、無駄なく社会主義を建設しよう」(鼓足干劲、力争上遊、多快好省地建設社会主義)というスローガンが唱えられた。それにより工業と農業の現代化を実現した社会主義国家を建設しようという運動が行われるようになる。その過程で工業を優先する政策や、短期間で欧米諸国の経済に追いつき追い越すというスピード重視主義が幅を利かせた大躍進運動が展開される。それと同時に集団化政策のシンボルとして人民公社化も急激に進められた。しかし、この結果農民たちの積極性や労働意欲が失われ、農業生産が停滞し、経済全体が大打撃を受け、欧米諸国を追い越すどころか、逆に建国以来最大の経済危機に陥ったのであった。

1950年代末頃から毛沢東に対して、人民公社化や大躍進運動の失敗の責任が問われるようになる。一時は責任を認めたかに見えた毛沢東であったが、その後、劉少奇や鄧小平などのいわゆる「当権派」(実権派)に対する逆襲を始める。政敵を追い落とすために毛沢東が使った手段は「階級闘争」の提唱であり、国民の中における自分のカリスマ性を鼓舞し、その結果国内を混乱状態にさせたいわゆる「文化大革命」を仕掛けたのである。

この時期の国際環境は、冷戦で対立した米・ソ両大国が平和共存モードにシフトしていく時期であった。その一方で中・ソの対立が1950年代末から表面化し始め、中国は、ソ連を「修正主義者」と激しく批判するようになる。こうした米・ソ関係の改善と中・ソ対立の深刻化は中国にとって更なる脅威となり、アメリカやソ連と対峙するために党と中央政府の統率力を高め、全国的な引き締めを一層はかることが必要であると考えられるようになった。また、ソ連との国境地帯に位置する内モンゴル自治区や新疆ウイグル自治区などの少数民族居住地域に対しては、分離独立の動きを厳しく取り締まる必要性もあり、更なる引き締めが行われた。

このように反右派闘争、大躍進運動や文化大革命など過激な政治運動が次々と行われたことによって国内情勢が一層混乱状態に陥った。この混乱状況を安定化させるためにとった手段の1つが、上述の新疆生産建設兵団をモデルとした生産建設兵団を全国に展開させることであった。具体的には20程度の省、自治区において生産建設兵団が建設され、軍事管理体制が広く敷かれた。すなわち、生産建設兵団によって国内情勢の安定化をはかろうとしたのである。

表2–1は中華人民共和国成立後から文化大革命までに全国でつくられた生産師と生産建設兵団などを示したものであり、文化大革命期になると全国各地に相次いで生産建設兵団がつくられたことが分かる。ここではまず組織の再編が目まぐるしく行われ、同じ組織が幾度にもわたって改組、改名されていったことに注意を払う必要があろう。また、建国直後から国民党との内戦がまだ収まっていなかった東南の沿海地域において、いち早く軍隊による生産建設活動を開始し、共産党支配地域の境界地帯を安定させようとしていたことがうかがわれる。沿海地域においてはその後も組織の拡大や再編が繰り返し行われていった。だが、ここで強調したいことは、辺境地帯でも軍隊を導入して軍事と生産の両面を用いて支配を固めるというこの発想が存在し、それが実際に行われるようになったのが内陸の国境地帯の新疆生産建設兵団であるという点である。そのうえ、この生産建設

表 2–1　中国全土における生産建設兵団の建設状況

文化大革命前の軍隊による生産組織					⇒	文化大革命期につくられた生産建設兵団				
組織名	所属機関	規模	成立年	撤廃年	⇒	兵団名	所属軍区	規模	成立年	撤廃年
新疆生産部隊	新疆軍区	15 万人	1953	1954	⇒	新疆	新疆	10 師 149 団	1954	1975
黒龍江農業建設ニ師	山東軍区	1 師	1955	?	⇒	黒龍江	瀋陽	6 師 88 団	1968	1976
黒河農業建設一師	瀋陽軍区	9 団	1966	1968						
合江農業建設ニ師	瀋陽軍区		1966	1968						
内モンゴル生産建設兵団	内モンゴル軍区	?	1966	1969	⇒	内モンゴル	北京	6 師 40 団	1969	1975
華北農墾兵団	北京軍区	12 団	1966	1968						
寧夏農業建設第一師	西北軍区	1 師	1952	1966	⇒	蘭州	蘭州	6 師 57 団	1969	1973
甘粛農業建設第十一師	甘粛省と農墾部	13 団	1963	1969						
青海農業建設十ニ師	青海省軍墾処	4 団	1966	1970						
寧夏農業建設第十三師	寧夏軍区	1 師	1966	1970						
陝西農業建設十四師	?	1 師	1964	1970						
黄河中遊水土保持建設兵団	?	?	1965	?						
甘粛水土保持建設師	?	1 師	1965	1969						
海南島林業工程第一師	華南墾殖総局	1 師	1952	1969	⇒	広州	広州	10 師 166 団	1969	1974
雷州半島林業工程第ニ師	華南墾殖総局	1 師	1952	1969						
独立団	華南墾殖総局	1 師	1952	1969						
雲南軍墾農場	雲南省農墾局	7.8 万人	1955	1970	⇒	雲南	昆明	4 師 32 団	1970	1974
国営農牧場	?	5 万人	?	1969	⇒	安徽	南京	4 師 43 団	1969	1975
扎木農業建設師	チベット軍区	2 団	1966	1970	⇒	チベット生産師	チベット	9 団	1970	1979
チベット工程団	チベット軍区	1 団	1968	1970	⇒					
国後に中国本土でつくられた国営農牧場が「文化大革命」期に産建設兵団に編入されたと考えられる。					⇒	湖北	武漢	?	1971	1972
						広西生産師	広西	12 団	1970	1974
						江西農建師	江西	8 団	1969	1975
						山東	済南	3 師 20 団	1970	1975
						福建	福州	28 団	1969	1974
						江蘇	南京	4 師 40 団	1969	1975
						浙江	南京	3 師 15 団	1970	1975

出典：史衛民、何嵐（1996）6 ～ 21 頁と川副延生（2008）39 ～ 46 頁に基づき筆者が作成。

兵団はその後辺境地域の統治だけでなく、文化大革命という国内の混乱状態の中で全国的に広がり、政情不安状態であった地方を掌握する際の道具と化していった。

文化大革命が始まった 1966 年頃から激しい政治闘争が収まる 1971 年

の間に、北京軍区、瀋陽軍区をはじめ、全国12の軍区のもとで11の生産建設兵団や3つの生産師が建設された。特に文化大革命による混乱がエスカレートした1968年頃には江蘇、安徽、湖北など本土の内陸地域にまで多くの生産建設兵団がつくられたことには驚きを禁じ得ない。

ここで、本論考で最も注視したいのは国内政治の混乱に乗じてソ連が侵攻して来るのではないかという危惧から黒龍江や内モンゴルなどの地域でも多くの生産建設兵団が設置されたことである。

このように、全国各地で相次いでつくられた生産建設兵団の多くは文化大革命という特殊な歴史的背景のもとで建設されたこともあって、管理体制から経営形態まで多くの矛盾を抱えていた。そのうえ「知識青年」と呼ばれた都市部の無職の若者たちを大量に受け入れ、このことが兵団内部における闘争を引き起し、秩序は大いに乱れた。その結果、生産活動は効率よく運営できなくなり、兵団は自給すらできない状態に陥っていった。ピーク時の兵団構成員の幹部や現役軍人は242万人、家族を入れると485万人で、4,000万ムー[95]の耕地[96]を有していたが、文化大革命の嵐がピークを越えた1970年代中頃までにほとんどの地域において生産建設兵団が廃止されることとなった。

しかし、文化大革命期における生産建設兵団の動向は本研究で明らかにしようとする地下資源開発においてきわめて重要である。そしてこのことは、従来の研究ではほとんど論じられてこなかったのである。そこで、次では内モンゴルにおける生産建設兵団と彼らが地下資源開発に果たした役割について見ていくことにする。

2　内モンゴル生産建設兵団設立の背景

文化大革命が勃発すると、内モンゴル自治区の場合、まずモンゴル族の最高指導者であったウランフが失脚に追い込まれ、「ウランフ反党叛国集団」を批判するキャンペーンが自治区全域にスタートした[97]。この時、ウランフの失脚だけでなく、反右派闘争の時に批判の対象となった人々も「民族分裂主義者」や「狭隘(きょうあい)な地方民族主義者」と書かれた「三角帽子」を被らされて弾圧された。続いて内モンゴルの独立やモンゴル人民共和国との合併を企てたとして「内モンゴル人民革命党[98]」冤罪事件が起こり、数多くのモンゴル族の人々が死に追いやられた。それにより約346,000人のモンゴル人が「反党叛国家分子」もしくは「民族分裂分子」とみなされ、そのうち27,900人が殺害され、拷問にかけられて身体的な障害が残ったモンゴル族は約12万人に達したとされている[99]。

もっとも、内モンゴルの牧畜地域では「財産を分けず、地主・牧主を闘争にかけず、階級を分けず」（不分、不闘、不劃階級）と「牧民と牧主両方に有利」（牧工牧主両利）という通称「三不両利」政策が実行されてきた。つまり、内モンゴルは、ほかの地域で進められていた1948年頃からの土地改革運動の対象外であった。ところが、文化大革命の勃発によりこの政策は完全に見直され、内モンゴルの広範囲で「階級闘争」が激しく行われるようになった。内モンゴルのモンゴル族居住地域の場合、地主や牧主の多くがモンゴル族であった。したがって内モンゴルにおけるこの種の「階級闘争」は、事実上モンゴル民族への弾圧だったと言えよう。

また中・ソの対立がさらに激しさを増し、1969年3月2日にはアムール川（黒龍江）の支流、ウスリー川（烏蘇里）の中洲であるダマンスキー島（珍宝島）の領有権を巡って中・ソの間で大規模な軍事衝突が発生した。さらに同年8月に新疆ウイグル自治区でも軍事衝突が起こり、当時は中・ソの全面戦争にまで発展し、それが核戦争にまでエスカレートするのではないかと真剣に受け止められるような危機的状態であった。それに伴いソ連やモンゴル人民共和国と接する内モンゴル自治区はソ連側に与する「修正主義」との戦いの最前線になった。こうして、安全保障上の理由から新疆や内モンゴルが反「修正主義」の前線基地とみなされ、厳しい政策が取られることになったのである。

特にモンゴル人民共和国と民族的に同じモンゴル民族である内モンゴル人に対する眼差しは大変厳しく、先に指摘した通り「モンゴル民族への弾圧」も繰り返された。そのうえ、これまでの反右派闘争や大躍進運動の影響もあり、大衆の生活は大変疲弊していた。

このような情勢のもとで、1966年2月に内モンゴル軍区によって内モンゴル初の生産建設兵団が組織されることが検討された。ただし文化大革命の混乱の影響もあり、計画通りには進まなかった。だが、1967年7月に内モンゴル軍区が降格され、北京軍区の管轄下に入ると、今度はこの北京軍区の主導で、内モンゴル生産建設兵団の設置が再考されることになった。そして、1969年1月に内モンゴル生産建設兵団が正式に組織された[100]。

そもそも新疆生産建設兵団が設立された1954年当時、新疆生産建設兵団の設立を主導した前述の王震は内モンゴル自治区にも同じ生産建設兵団の設立を計画していたが、内モンゴルの最高実力者であったウランフの反対によって内モンゴルにおける生産建設兵団の設立が阻止されたという話がある[101]。

さて、この内モンゴル生産建設兵団が設置された1969年は、内モンゴル自治区の行政再編が行われ始めた年でもある。つまり、自治区領域の3分の2に当たる地域が近隣各省に編入されてしまったのである。具体的には、自治区東北部のフルンボイル（呼倫貝爾）盟が黒龍江省に、ジリム盟が吉林省に、ジョオド（昭烏達）盟が遼寧省にそれぞれ編入され、それまでバヤンノール（巴顔淖爾）盟に属していたアラシャ（阿拉善）左翼旗とアラシャ右翼旗、エゼネ旗がそれぞれ寧夏回族自治区および甘粛省に編入された。さらなる内モンゴル自治区の弱体化をはかった中央政府は1969年末から内モンゴルを軍事管理下に置き、対ソ防衛の前線とした。

なお、この周辺諸省に編入された地域が内モンゴル自治区に再び再編入されるのは、文化大革命が終息し改革開放政策へと政策転換が行われ始めていた1979年7月のことである。

北京軍区内モンゴル生産建設兵団本部は自治区政府所在地であるフフホト（呼和浩特）市に置かれた。そして表2–2に示されている通り、内モンゴル生産建設兵団として内モンゴル全域では6個の師、39の団が置かれ、そのうちの4師27団が自治区西部のバヤンノール盟やイヘジョー(伊克昭)盟に、2師12団が自治区東部のシリンゴル盟東・西両ウジュムチン旗に設置された。それ以外にも本部直轄の科学繊維工場、建設工程団、発電所や肥料工場などが各地につくられた。内モンゴル生産建設兵団がつくられ

表 2–2　内モンゴル生産建設兵団の状況

師名	司令部所在地	団名	団部所在地	所属農場の名称
1 師	巴顔淖爾（バヤンノール）盟磴口県	1 団	磴口県朝陽鎮	烏蘭布和農場
		2 団	磴口県紅衛鎮	巴彦套海農場
		3 団	磴口県衛国鎮	哈騰套海農場
		4 団	磴口県戍辺鎮	太陽廟林場
		5 団	磴口県建国鎮	包爾套勒蓋農場
		6 団	磴口県反修鎮	包爾套勒蓋西（新建設）
		7 団	磴口県紅旗鎮	納林套海農場
2 師	巴顔淖爾（バヤンノール）盟烏拉特前旗烏拉山	11 団	烏拉特前旗	烏海労改農場
		12 団	烏拉特前旗新安鎮	原烏海労改農場
		13 団	包頭市西水泉	工業団
		14 団	烏拉特前旗蘇独倉	蘇独倉国営農場
		15 団	五原県建豊	建豊労改農場
		16 団	中後旗牧羊海	東方紅種羊場
		17 団	烏拉特前旗中灘	原中灘労改農場
		18 団	包頭市万水泉	共青農場
		19 団	烏拉特前旗壩頭	烏梁素海水産局
		20 団	杭錦旗独貴特拉	独貴特拉、杭錦淖公社
		62 団	烏拉特前旗大余太	蘇独倉農場牧業隊
3 師	巴顔淖爾（バヤンノール）盟臨河県	21 団	臨河県軍墾鎮	臨河労改農場
		22 団	臨河県屯墾鎮	狼山労改農場
		23 団	杭錦旗巴拉亥	巴拉亥林場
		25 団	杭錦旗扎爾格朗図	改改召林場
		26 団	臨河県石蘭計	石蘭計公社（糖工場）
4 師	伊克昭（イヘジョー）盟海渤湾市	8 団	烏達市	烏達市属農場
		24 団	海渤湾市	原属 3 師
		34 団	磴口県碱柜	朝格烏拉牧場
		35 団	蘇尼特右旗賽漢塔拉	碱鉱、ガラス工場
5 師	錫林郭勒（シリンゴル）盟西烏珠穆沁（ウジュムチン）旗	31 団	西烏珠穆沁旗阿巴哈納爾旗	錫林郭勒種畜場
		32 団	西烏珠穆沁旗阿巴哈納爾旗	毛登牧場
		41 団	西烏珠穆沁旗高力罕	高力罕牧場
		42 団	西烏珠穆沁旗哈拉根台	哈拉根台公社
		43 団	西烏珠穆沁旗宝日格斯台	宝日格斯台牧場
		44 団	西烏珠穆沁旗彦吉嘎廟	罕烏拉公社
6 師	錫林郭勒（シリンゴル）盟東烏珠穆沁（ウジュムチン）旗東風	51 団	東烏珠穆沁旗紅星鎮	哈拉蓋図牧場
		52 団	東烏珠穆沁旗紅辺鎮	烏拉蓋牧場
		53 団	東烏珠穆沁旗紅疆鎮	賀斯格烏拉牧場
		54 団	東烏珠穆沁旗紅光鎮	満都宝力格牧場
		55 団	東烏珠穆沁旗紅建鎮	宝格達山林場
		57 団	東烏珠穆沁旗五七鎮	炭鉱、発電所

出典：史衛民、何嵐（1996）472 ～ 474 頁に基づき筆者が作成。

た当初の総団員数は不明だが、1970 年と 1971 年にそれぞれ 26,580 人と 20,886 人の「知識青年」を受け入れている。これは、生産建設兵団に「知識青年」を受け入れた割合としては中国全土の中で最も多い数であった。そして 1975 年には内モンゴル生産建設兵団総団員数は 17 万人に達した[102]。

表2–2から分かるように、内モンゴル自治区でつくられた生産建設兵団のほとんどが中・ソ国境や中・蒙国境に近い各旗に集中して配置されており、その規模も全国各地でつくられた生産建設兵団の中でも実に大規模なものが多いのが特徴である。

本土の都市部から大量の「知識青年」を受け入れたことからも分かるように、この生産建設兵団の設置によって、国境地帯で人口の希薄な内モンゴル地域に大量の本土移民が流入した。その目的は国防以外に、広大な内モンゴル地域で農地開発を行うと同時に、豊富な地上資源や地下資源の開発を手掛けることであった。特に内モンゴル東部において、生産建設兵団の多くは牧場や森林地域に配置されている。そのうえ、一部の生産建設兵団では地質調査を積極的に行い、さらには石炭の採掘や発電所の建設などエネルギー開発にシフトしていくのである[103]。では次の第3節では、東部地域に配置された生産建設兵団が石炭資源の開発に専念し、短期間でホーリンゴルという炭鉱都市をつくり上げるプロセスを分析してみたい。

3　生産建設兵団による炭鉱開発とホーリンゴル市の設立

3–1　ホーリンゴル市の概況

ホーリンゴル市は大興安嶺の東南端の中腹に位置し、モンゴル国から直線で120キロ離れ、現在内モンゴル自治区通遼市所属の県レベルの市である。市の総面積は585平方キロで、西北部はシリンゴル盟の東ウジュムチン旗と接し、東南部は通遼市のジャロード旗と隣接していて、東北部にはヒンガン（興安）盟のホルチン（科爾沁）右翼中旗と接している（図2–1、図2–2を参照）。

現在のホーリンゴル市管轄下に5つの街道弁事処（事務所）と21の社区[104]が設けられている。市街地面積は34.02平方キロで市総面積の5.82%であり、郊外地面積は551平方キロで94.19%を占めている。

また、33平方キロの工業園区という区画があるが、それは市街地と郊外地に跨っており、総面積の5.64%になる。2006年の統計によると、市

図 2–1　中国の中のホーリンゴル市の位置

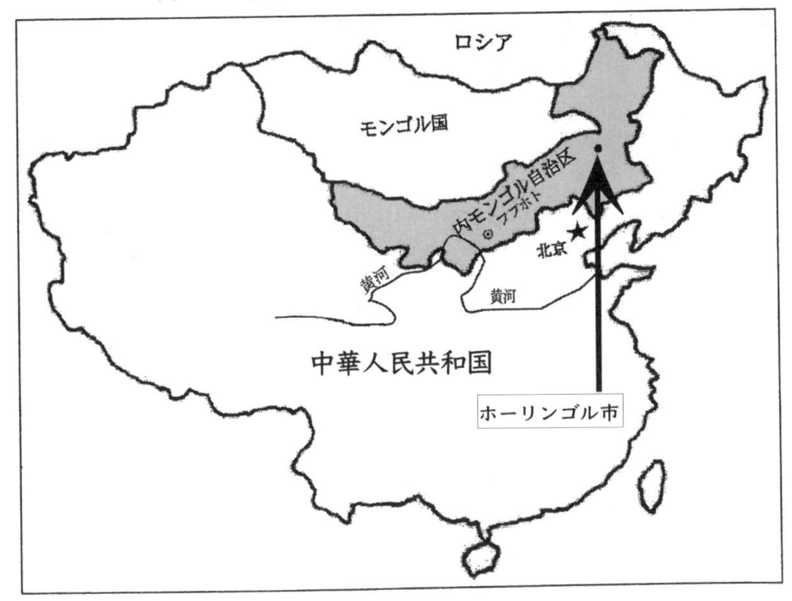

図 2–2　内モンゴルの中のホーリンゴル市の位置

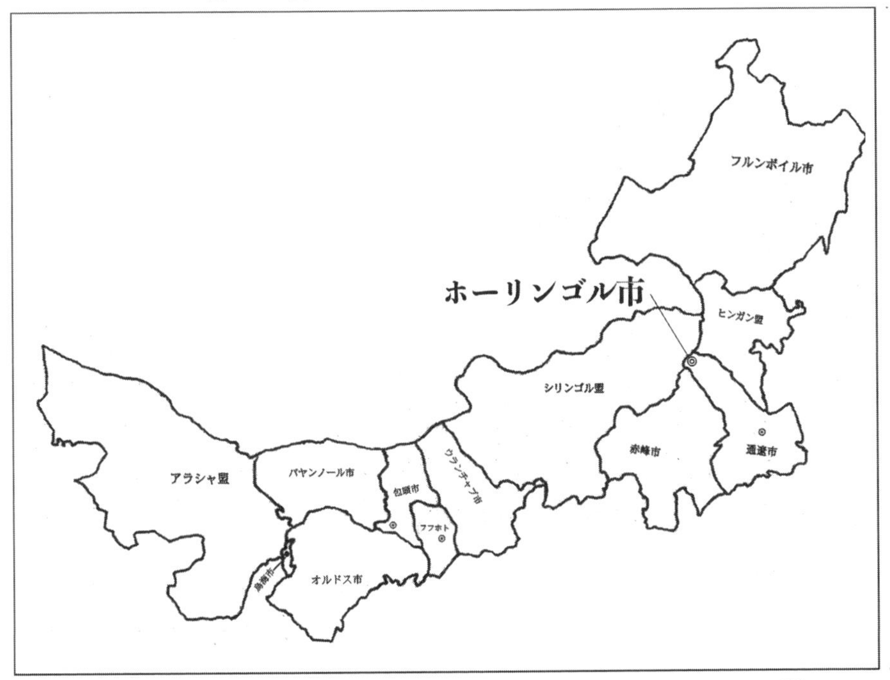

在籍人口は7.37万人で、出稼ぎ労働者と合わせると総人口は約10万人に達していると言われる。そのうち漢族は41,336人、市の人口の56.12%を占め、モンゴル族は28,361人で市の人口の38.5%にあたる[105]。ホーリンゴル炭鉱の埋蔵量は131億トンで中国における五大露天炭鉱[106]の一つに数えられている。この炭鉱では2つの大型露天炭鉱や発電所をはじめ、アルミニウム工場も新規に稼働しており、新興のエネルギー都市である（図2–3を参照）。

図2–3　ホーリンゴル市全体図

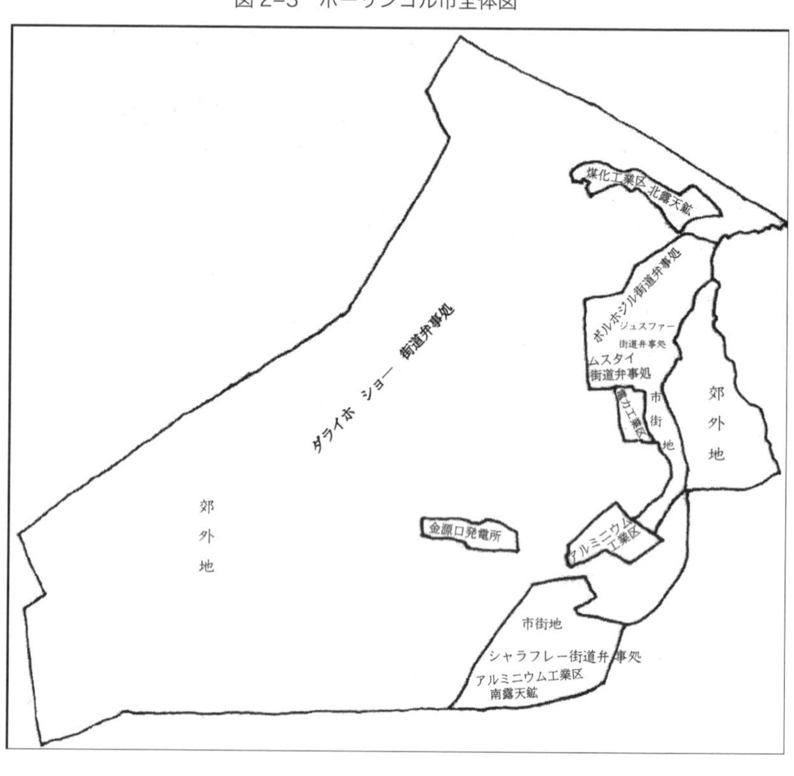

ホーリンゴル市の平均標高は1,100メートル以上であるため、自然環境は厳しい。冬は寒く、雪が多いのに対して、夏は短く比較的涼しい。最高気温は37.5℃で、最低気温は–39.4℃で寒暖の差がきわめて大きい。ま

た最大の積雪量は４メートルに達する[107]。こうした気候条件もあって、この地域はジャロード旗北部のバヤルトホショー鎮、ゲルチル・ソム、ウランハダ・ソム、バヤンボラガ・ソム（巴彦宝力皋・蘇木）など４つのソムや鎮の牧民が、夏営地として利用してきた（図 2–4、図 2–5 を参照）。

図 2–4　通遼市とホーリンゴル市の位置関係

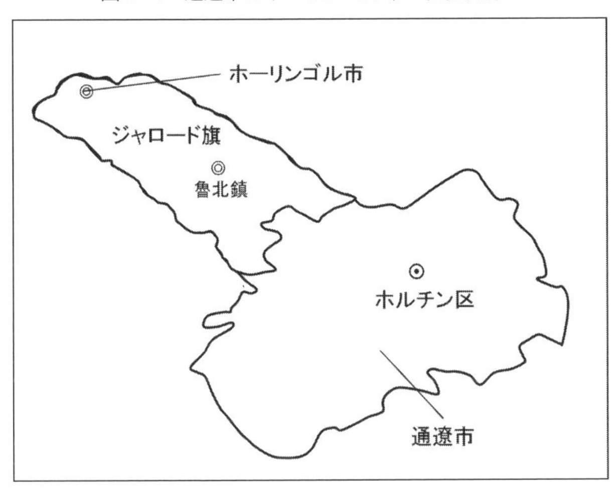

図 2–5　内モンゴル自治区ジャロード旗北部地図

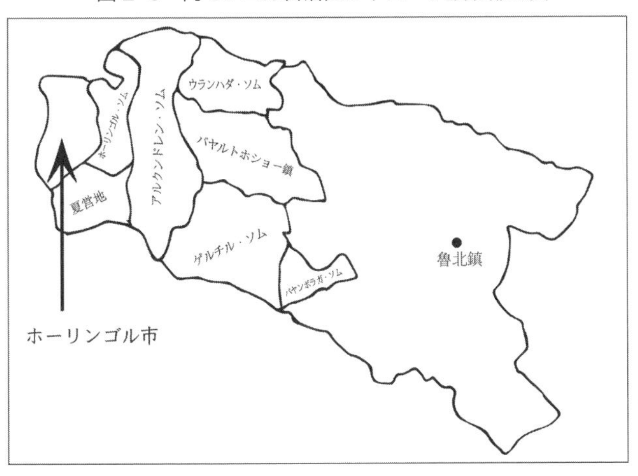

3-2　生産建設兵団による炭鉱開発

内モンゴルの生産建設兵団と地下資源開発の関係を検討するため、まずホーリンゴル炭鉱の開発に直接関係する内モンゴル生産建設兵団第六師の設置の経緯を見てみよう。

3-2-1　内モンゴル生産建設兵団第六師の設置

シリンゴル盟東ウジュムチン旗のウラガイ（烏拉蓋）地域に中国建国後多くの農牧場が建設された。それらの農牧場は度かなさる再編が行われ、最終的にはハラガート（哈拉盖図）、ウラガイという2つの国営農牧場とヘシゲウーラ（賀斯格烏拉）、マンドボラガ（満都宝力格）とジャガソタイ（扎格斯台）という3つの公私合営牧場となった[108]。

このようなウジュムチン旗における最終的な牧場再編の決定と時を同じくして、1969年1月、中国共産党中央委員会、国務院と中央軍事委員会が内モンゴル生産建設兵団の建設を決定した。そしてこの決定に伴い、同年3月には内モンゴル革命委員会と内モンゴル軍区により内モンゴル生産建設兵団の第四、第五、第六師が組織された。それにより、ウラガイ開墾区が北京軍区内モンゴル生産建設兵団の第六師に再編され、師部が東風（現バヤンホショー）鎮に置かれた。同時に、ハラガート農牧場は六師51団に、ウラガイ牧場は六師52団に、ヘシゲウーラ公私合営牧場は六師53団にそれぞれ改められた[109]。さらにこの時、その六師51団の4連がホーリンゴル川付近に入り炭鉱の測量を行い、その後炭鉱開発や発電所の建設を行っていた[110]。このことは大変興味深い事実だ。なぜならば内モンゴル生産建設兵団が炭鉱開発に関わっているからである。

そして、1970年に内モンゴル生産建設兵団六師はそのホーリンゴル川付近に建設されたホーリンゴル炭田発電所と機械修理場を六師57団に編入した。また、同年5月に内モンゴル生産建設兵団六師は東ウジュムチン旗ボグド（宝格達）山林場を受け入れて六師55団に、6月にマンドボラガ公私合営牧場を受け入れて六師54団を置いている。さらにその年、東ウジュムチン旗のウラガイとフレート（呼熱図）の2つの人民公社も内モンゴル生産建設兵団六師の管轄に入った[111]。

それまで内モンゴルにおける様々な農地、牧場、そして炭鉱などを管理下に置き、その勢力を拡大してきた内モンゴル生産建設兵団であったが、1975年12月に、国務院と中央軍事委員会の同意を得て、内モンゴル生産建設兵団体制に幕が下ろされた。その後、中国共産党内モンゴル委員会と内モンゴル革命委員会の決定により、内モンゴル農牧場管理局が内モンゴル生産建設兵団六師を受け入れることになった。これに伴いこの六師は内モンゴル農牧場管理局ウラガイ分局と名を改め、所属の各農牧団もそれぞれ国営農牧場に改称された。また、同年にウラガイとフレートの2つの人民公社が東ウジュムチン旗の管轄下に戻された。さらに、1978年にホーリンゴル炭田発電所はホーリンゴル建設指揮部の管轄下に入ることになった。

1981年7月に、中国共産党内モンゴル委員会の決定により、内モンゴル農牧場管理局ウラガイ分局は内モンゴルウラガイ農牧場管理局にさらに改められ、所属の各農牧場は内モンゴル自治区直轄の企業に再編された。その後も体制や管轄地域が再三変更されるのだが、1993年2月にウラガイ総合開発区が建設され、ようやく体制や管轄地域が安定し、現在に至っている。ウラガイ総合開発区管理委員会の所在地はバヤンホショー（巴音胡碩）鎮である[112]。

3-2-2　生産建設兵団による炭鉱開発

ホーリンゴル地域の石炭は1958年に地元の牧民が発見して政府に報告したことに始まると言われている[113]。これは大躍進運動が行われていたときのことである。ただし、ある回想録の記事[114]によると、1959年5月に内モンゴル自治区地質局フルンボイル地質分局第一地質大隊ホルチン右翼中旗分隊が地質調査で発見したとも記されている。いずれにしても、実際に開発に着手したのは文化大革命が始まり1966年に内モンゴル生産建設兵団が設立して以後のことである。1967年に、当時シリンゴル盟東ウジュムチン旗のウラガイ牧場に設置されていた中国解放軍総後勤部所属の「五七軍馬場[115]」の要請によって、吉林省炭田地質探査公司所属の203探査隊がホーリンゴル地域に入って石炭採掘調査を行い始める。そして、5

つの地点で、穴を掘り測量を行ったところ、埋蔵量が266.40万トンであることが分かった。1969年3月に、上述の北京軍区内モンゴル生産建設兵団第六師51団がホーリンゴル地域に入り、まず小規模な炭鉱や発電所を建設した。これがこの地域に定住した最初の人々である[116]。

また同年は、河北省炭田地質探査公司所属の116調査隊および内モンゴル地質調査隊も内モンゴル生産建設兵団六師の要請を受けてホーリンゴル地域における石炭採掘調査を実施している。測量箇所は30か所で行われ、埋蔵量が7.49億トンであることが分かった。そして、同年7月5日に先に述べた内モンゴル自治区における行政再編の結果ジリム盟は吉林省の管轄に入り、ホーリンゴル地域も吉林省に所属することとなった。ホーリンゴル地域の炭鉱開発は当地域が内モンゴル自治区の管轄から吉林省の管轄下に入ることで、本格的にスタートしたことは注目に値する。

翌年の1970年1月に、北京軍区内モンゴル生産建設兵団所属の第六師57団は、ホーリンゴル地域に炭鉱の開発や発電所を建設し、開墾も行われた。隊員規模は628人で、開墾面積は333.34haに及んだ。1972年には吉林省炭田地質探査公司所属の472調査隊がホーリンゴル地域で測量を行い、更なる詳細なデータを提供することになった。さらに、1973年には吉林省炭田地質探査公司とそれの関連部門所属の102、112、203、472の4つの調査隊の1,500人が続々とホーリンゴル地域に入り、大規模な測量を実施し、その後炭鉱開発が本格的に展開されるようになる。

こうした大規模な地質調査の結果を受け、1973年6月に吉林省はさらに多くの人員を派遣して炭鉱開発に着手し、8月には「開発霍林河籌備処」が設立された。この籌備処は石炭採掘のため調査活動を精力的に行うとともに「霍林河鉱区沙爾呼熱(シャラフレー)露天工鉱計画任務書」を作成し国家計画委員会に提出する責務を負っていた。この「任務書」は、1974年に吉林省内各機関や各部門が地方経済の発展など当該地域の総合的な開発に関して検討させた結果として作成させたものである。当初、国家計画委員会は当該地域における大規模開発に難色を示し、その後もしばらく許可をしなかった。その原因は上述したように、ホーリンゴル地域が中国とモンゴル人民共和国の国境付近に位置しており、中・ソの関係悪化に対する懸念があったためであろう。しかし、本格的な開発にまだ至っていなかったとはいえ、文化大革命の混乱のなかで地質調査や炭鉱開発の準備作業が着々と進められていたのは事実であり、辺境地域の開発にかける中国政府の強い意志もあったことがうかがわれる。その際、尽力した人物が周恩来であるらしい。このことについては次項で詳述する。ちなみに1973年末に「開発霍林河籌備処」は「沙爾呼熱(シャラフレー)露天区精査地質報告」を作成し吉林省炭田地質探査公司にも提出している。

3–3 ホーリンゴル市の設置

1975年3月になると、「開発霍林河籌備処」は「霍林河開発領導小組」に改名され、吉林省革命委員会直轄の組織となった。同年6月10日、当時中国中央政府の総理であった周恩来は、新華社が発行していた『国内動態清様』という刊行物の第1597号に掲載の「吉林省和内蒙古境界処発見大煤田」という記事に目をとめたと言われている。そして、この記事の内容が事実であれば、吉林省だけで開発するには鉱床の規模が大き過ぎ、開発が遅れてしまうと考えた周恩来は国家計画委員会に対して、直接開発を検討するよう要請したと言われている[117]。その周恩来が目をとめたと言われる記事は次のような内容であった(原文は添付資料1を参照)。

> (和訳)(新華社長春電/1975年6月8日)吉林省のジリム盟と内モンゴルのシリンゴル盟との境界地域に大規模な炭田が発見された。この大規模な鉱床は吉林省のホーリンゴル炭鉱と内モンゴルのバヤンファー炭鉱という2つの鉱床からなり、その距離は25キロ離れている。埋蔵量は260億トンであり、我が国最大規模の炭鉱の1つになるであろう。
>
> この炭鉱は1958年に「中牧[118]」の身分であった貧しい牧民の報告により発見されたもので、1972年以降吉林省が大規模な調査や測量を行ってきた。炭鉱面積は実に大きく、埋蔵量も多い。石炭鉱床の層は厚く、傾斜度は緩やかで、そのうえ地上から石炭層までは浅く、露天掘りに適していることが分かった。炭鉱の長さは60キロ、

幅は9キロで、面積は540平方キロである。石炭層は24層で、採取可能な石炭層は10層、その厚さは74.94メートルで、石炭の質も大変良い。設計規模としては、第一露天鉱は年間生産量1,500万トンが予想され、1976年から炭鉱建設の準備作業を行い、1980年から生産を始める予定である。同じく年間1,500万トンの生産量をもつ第二露天鉱の建設は第一露天鉱の建設と平行して行うことになっている。そして1985年までの生産規模は年間3,000万トンと想定される。

吉林省ではすでにホーリンゴル炭鉱開発を指導する作業グループを組織し、炭鉱開発の準備作業を行っている。鉄道部所属の天津設計院、瀋陽炭鉱設計院および東北電力設計院などは、それぞれ鉄道線路敷設プランや炭鉱開発計画、発電所の立地選定を進めている。（吉林支局記者 李徳天、訳 包宝柱）

この記事では、まず当時吉林省に編入されていたホーリンゴル地域における炭鉱の開発が、わずか25キロしか離れていない内モンゴル自治区の西ウジュムチン旗のバヤンファー炭鉱の開発と同時に進めることが記されている。また、炭鉱の面積は現在のホーリンゴル市の面積に相当すると記されており、驚くべき広さである。

バヤンファー炭鉱の発見およびその後の展開について、現時点では不明である。しかし、現在この東・西両ウジュムチン旗を含めるシリンゴル盟の広大な地域で石炭をはじめとする豊富な地下資源の存在が知られており、大規模な開発が進行中である。その一方で、シリンゴルではモンゴル牧民と開発業者との間に激しい対立が起きている。序章に述べた2011年5月に発生して内モンゴル各地に拡大した大規模なデモも、このシリンゴル盟において漢族の開発業者にモンゴル牧民がひき殺されたことに端を発している。すなわち、内モンゴルでは、地下資源開発が牧草地の荒廃を招き、モンゴル牧畜民の怒りを買っているのである。中央政府もこのことを十分に認識しているようだ。その現れの1つとして、内モンゴル自治区領内のバヤンファー炭鉱の開発を断念し、吉林省に編入されていたホーリンゴル地域の炭鉱を重点的に開発することになったのであろう。かつてバヤンファー炭鉱開発を本格化しなかったように、現在の地下資源開発も政府による地元のモンゴル牧畜民への配慮が期待される。

さて、話を炭鉱開発期に戻そう。当時中央政府は、吉林省の要請に対して、迅速に対応した。まず、1975年10月に、北京軍区内モンゴル生産建設兵団体制が廃止され、所属の各部門をそれぞれ関係地方の所轄とした。例えば、ホーリンゴル炭鉱開発の主役を担っていた内モンゴル生産建設兵団第57団は、内モンゴル自治区農牧場管理局所轄のウラガイ分局のホーリンゴル炭田発電所と改名された。

そのうえ、周恩来の指示のもと、北京において3か月間、中国全土の石炭業界の専門家を集め研究会が開催された。そこではホーリンゴル炭鉱開発を具体的にどのように開発していくかが検討された。その結果、国家の主導のもとで、1976年4月にホーリンゴル炭鉱建設指揮部が組織された。

1976年6月には、吉林省革命委員会と中国石炭部によって、新たに「支援霍林河鉱区建設民兵」が組織された。吉林省のジリム盟と白城地区から3,500人の「知識青年」がこの民兵組織に編入され、同炭鉱の建設活動に従事させられた。つまり、ラベル（組織名）が変わっても、作業に従事している人々が生産兵団として派遣された漢族である点は何も変わっていないのである。

この時期、注目すべきは、同年11月に、ジリム盟が10名のモンゴル族幹部を炭鉱に派遣したことである[119]。なぜならば、これ以前にモンゴル族が炭鉱に関わったとする史料はないだけでなく、当初開発を主導していた生産建設兵団は漢族中心の組織であった。したがって、この時まで、この地域原住民たるモンゴル族が、ホーリンゴル炭鉱の開発から疎外されていたと考えて間違いない。さらに、この派遣でもモンゴル族幹部はわずかに10名が派遣されたに過ぎず、実際の開発事業に関与していたモンゴル族の人数を示すデータは管見のところ見当たらない。フィールド調査などからも炭鉱開発に関わったモンゴル族に出会うことはほとんどなかった。

翌1977年5月に、ホーリンゴル炭鉱開発は国家重点建設プロジェクトとなった。このことは、国家計画委員会による（77）計字112号文件「関于霍林郭勒露天煤鉱和通遼至霍林郭勒鉄道計画任務書的復文」に示されている。

こうした同炭鉱の国家プロジェクト化と「知識青年」の鉱山開発への投入は、地域社会に重大なる変化をもたらした。1978年2月に、「支援霍林河鉱区建設民兵」の形式で炭鉱に入っていた「知識青年」たち（多くは漢民族）は炭鉱労働者に身分を変え、大多数がこの地域の住民として定住することとなった。

さらに1978年3月に国務院および中央軍事委員会は中国人民解放軍基建工程兵第44支隊を組織することを許可し、同年6月に第44支隊の新兵4,000人がホーリンゴル炭鉱に投入された。その後も、「知識青年」やほかの形で入り込んできた炭鉱労働者たちが第44支隊の隊員に編入された。その結果、ピーク時には、第44支隊の隊員は13,000人に達したという[120]。

以上のことから分かるように北京から内モンゴルの資源開発に投入された生産建設兵団は、組織としては1975年に廃止されたものの、その中味である漢民族労働者がモンゴル人居住地帯たるホーリンゴル炭鉱周辺地域に定住化したのである。そして後に彼らは、新興エネルギー都市（今日のホーリンゴル市）の住民となっていく。さらに、そればかりではなく、文化大革命が終息して、改革開放政策へと転換されつつあった1970年代末以後も新たに兵隊方式で多くの漢民族が絶えず流入していくようになった。

1979年7月、吉林省に編入され10年になるジリム盟が、ようやく内モンゴル自治区に返還された。その結果、ホーリンゴル炭鉱は吉林省から内モンゴル自治区の管轄へと変更された。しかし、1981年3月に、国務院は基建工程兵第44支隊を廃止し、隊員のほとんどが炭鉱労働者として炭鉱指揮部に再編入された。すなわち、本来、短期派遣であったはずの生産建設兵団や民兵組織の構成員たちは、組織の廃止によって、「地域住民」へと姿を変えたのである。言い換えるならば、この生産建設兵団および民兵団の炭鉱労働者化は、内モンゴル地域における「漢民族の地域住民化」

のプロセスであると言えよう。この点は本研究において強調したい点である。

1981年9月、ホーリンゴル炭鉱において、年間生産量300万トン規模の南露天鉱が正式に着工された。炭鉱の規模が拡大する中、炭鉱都市の行政組織化も行われることとなった。すなわち、1982年2月にジリム盟党委員会は、ホーリンゴル市を設置する準備組織として「霍林河弁事処」を開設した。そして1985年11月、国務院の許可を得て、県（旗）レベルの行政権限をもつホーリンゴル市が正式に誕生することになる。

設立当時、ホーリンゴル市の人口は、すでに7,079戸、29,897人に達しており、同年に新たに移住してきた人口は、11,191人であった[121]。また、市の設置後、ホーリンゴル鉱務局をはじめその多くの関連機構や市の人民銀行などの要職に六師57団の幹部や兵士が就任することになった[122]。

おわりに

本章では、中華人民共和国建国後、辺境防衛や辺境開発という名目のもと、軍隊による生産活動が各地で行われていたことを明らかにした。これが生産建設兵団である。その中で政治的性格を持ち、かつ最大規模をほこるものは新疆生産建設兵団であった。その後、文化大革命による国内混乱や中・ソ関係の悪化により中国のほかの地域においても生産建設兵団が次々とつくられることになった。その生産建設兵団のほとんどは建国直後につくられた生産師や農業建設師を再編したものであったが、生産師などと異なる点は中央直轄の各軍区の管轄下に置かれた組織というところである。つまり、生産建設兵団が軍事活動重視かつ政治的色彩も濃かったのに対して、生産師などは生産活動を重視するものであったという点で異なる。その中でも内モンゴル生産建設兵団は、モンゴル全域にわたって生産活動を行い、一時期とはいえ農牧場や鉱山開発でも主力となり、生産開発活動に従事した。

本章で取り上げたホーリンゴル市の事例では、この生産建設兵団の活動が炭鉱開発という本来の目的から炭鉱都市の建設までエスカレートし、しかもその全てのプロジェクトを生産建設兵団が担っていた。この頃の中国は文化大革命の最中であり、それと同時に外交上は中・ソ対立が激化し全面戦争も想定される非常事態であったにもかかわらず、ホーリンゴル地域の炭鉱開発を積極的に進めたのは、驚くべき事実である。

また、ホーリンゴル地域は中・ソ、中・蒙の国境に近く、そのうえ冬は雪深く酷寒の地である。そのような場所に、次々と軍隊式管理下のもと「知識青年」や民兵たちを開発にあたらせたことから、この地域を開発という名のもとに漢族の土地として占有していくことがうかがわれる。

内モンゴル生産建設兵団は1975年に解散されるが、その後も人民解放軍が炭鉱開発と都市建設を引き継いだ。このことは、中央政府が軍隊式の組織を用いることで、少数民族の抵抗を抑えながら統治の強化と資源開発を進めてきたことを意味している。そして、さらに興味深い点は、この地域が内モンゴル自治区から吉林省に編入されていた10年間（1969～1979）に炭鉱の開発が進み、内モンゴルのほかの地域では見られない炭鉱都市を建設するに至ったというところにある。自治区まかせではこうした開発が行いにくい理由が何かあったのであろうか。

ただし、本章ではっきりしたことは生産建設兵団の役割である。つまり、当初は辺境防衛や国内経済の立て直しのためにつくられた生産師などが、1960年代に再編されて生産建設兵団となった。そして、その後の生産建設兵団は、中・ソ紛争や文化大革命という非常事態の中で、国境地帯に居住する少数民族への管理を行う役目を帯びていくことになったのである。

【註】

83.　新疆生産建設兵団の歴史を詳細に述べた馬大正（2009）や、毛沢東による新疆開発戦略を主眼に新疆生産建設兵団の設立過程とその役割を論じた平松茂雄（2004）と中国共産党・人民解放軍・中央政府や地方政府の複雑な権力関係から新疆生産建設兵団が持つ特殊な性格を分析した松本和久（2004）などがあげられる。これ以外に、新疆生産建設兵団に関する資料集などが多く出されている。

84.　新疆生産建設兵団がつくられる 1954 年の段階では、1949 年 12 月 17 日に設立された新疆省人民政府であって、その後 1955 年 10 月 1 日から新疆ウイグル自治区人民政府と改められる。

85.　中華民国時代にその統治力は地方までは十分に及ばず、地方ではさまざまな武装集団が出現し、掠奪・暴行などを行った。その中で反体制的・反社会的なものが「匪賊」或いは「土匪」と呼ばれた。

86.　中共中央文献研究室（1999）27 〜 30 頁。

87.　日中戦争終了後、中国共産党は国民党との内戦に備えて農村の支持基盤を強化するため、土地改革を進めた。その結果、実施地域が急速に拡大し、中国共産党の勝利に寄与したと言われている。中華人民共和国成立の翌 50 年 6 月に土地改革法が制定された。そして、貧しい農民に土地改革の実施権力を与え、土地その他の財産の均分を実施した。権力を握った貧農たちは、地主・富農だけでなく、すでに分配を受けて中農化していた村幹部などに対しても暴力を含む激しい攻撃を加えた。このように、土地改革は 1952 年に完了する。(田中恭子：1999）少数民族地域の農耕化地域で実施された土地改革が急進化したのに対して牧畜などの地域では緩やかな土地改革が行われたと考えられる。新疆の土地改革は 1953 年末頃に完了したと言われている。

88.　新疆ウイグル自治区には漢族を含めて 47 の民族が居住しているとされている。少数民族の中で中心となるのはウイグル（維吾爾）族、カザフ（哈薩克）族、回族、キルギス（柯爾克孜）族、モンゴル（蒙古）族、シボ（錫伯）族、タジク（塔吉克）族、ウズベク（烏孜別克）族、満族、ダウール（達斡爾）族、ロシア（俄羅斯）族、タタール（塔塔爾）族の 12 の民族である。その中ウイグル族、カザフ族、回族、キルギス族、タジク族、ウズベク族、タタール族の 7 つの民族はイスラームを信仰している。

89. 第二次世界大戦末期の1944年から新疆ウイグル地域のイリ、タルバガタイ、アルタイの3つの地区で、ウイグル族とカザフ族を中心とした漢民族の支配を排除する蜂起が起こり、後に東トルキスタン共和国を設立する。それを今日では「三区革命」と呼んでいる。ところが中華人民共和国は、この「三区革命」を中国革命の一環として行われた反国民党政府運動の1つとみなされており、当時の民族主義活動家たちによる「独立」を目指そうとした動きについては、未だ真相が明らかになっていない部分が多い。

90. 毛里和子（1998）216～218頁。

91. 平松茂雄（2004）2～3頁。

92. 加々美光行（2008）233～234頁。

93. 文化大革命については近年多くのすぐれた研究が表れているが、本稿ではその詳細について触れないこととする。

94. 王震（1908～1993）は、湖南省瀏陽に生まれた軍人で八大元老に数えられた実力者の1人である。彼は1927年に中国共産党に入党し、1949年に中華人民共和国が成立すると、人民解放軍を率いて新疆に進駐し、ウイグル族の統治と漢族入植事業を推進する。その後中国中央新疆分局書記、新疆軍区司令官と政治委員を兼務した。1953年には中国人民解放軍鉄道兵司令官と政治委員を兼務し、1954年に人民解放軍副総参謀長に就任し、新疆生産建設兵団の建設も彼の建議の下に行われた。1975年に国務院副総理に、1978年に中国中央軍委常委に、1982年～1987年に中国共産党学校校長に、1988年～1993年に中国共産党副主席などを歴任した。

95. ムー（畝）は土地面積の単位、中国の1ムーは6.667アール、15分の1ヘクタール。日本の1畝はほぼ1アール、1アールは100平方メートル、30.25坪である。

96. 史衛民、何嵐（1996）11頁。

97. 楊海英（2009）4頁。

98. 1925年2月に、モンゴル人民共和国より派遣された代表とオルドス地域のドゴイラン運動のメンバーらを中心に、内モンゴルの独立と内・外モンゴルの統一を綱領として内モンゴルのウーシン旗に成立した政党である。党結成大会によりセレンドンドブ（白雲梯）を主席兼内モンゴル人民革命軍総司令官に、ドゴイラン運動の領袖シニ・ラマとワンダンニマを中央執行委員にそれぞれ選出した。その後、諸軍閥と対抗しながら運動を続けていたが国内戦や日中戦争の激化によって党は弱体化し、機能しなくなった。日中戦争終了後、ハフンガー、テムルバーゲンらを指導者とする「人民革命党」員らは、再び内・外モンゴルの統一を実現させようとして1946年1月に東モンゴル人民自治政府を設立する。しかしモンゴル人民共和国側に統合要請を拒否され、存在意義が急速に低下する。さらに1947年5月に中国共産党の主導により内モンゴル自治政府が設立されると、ウランフらの介入によって内モンゴル「人民革命党」は1951年に解散させられた。「文化大革命」期には、すでに解散して実態のない内モンゴル「人民革命党」が再び内モンゴルを中国から分裂させようとしていると言われるようになった。そして多くのモンゴル族の人々が分裂主義者とされ、彼らは内モンゴル「人民革命党」分子だとして批判された。
その結果、多くのモンゴル族の人々が冤罪を被り、殺害された。

99. 楊海英（2002）198頁、『世界民族問題事典』松原正毅ほか編、梅棹忠夫監修 、平凡社。
100. 何嵐、史衛民（1994）5～6頁。
101. オラディン・E・ボラグ著、木下光弘訳、ロバート・リケット、ボルジギン・ブレンサ イン監訳「ウランフへの崇拝(カルト)—歴史、記憶、そして民族的英雄の創造」滋賀県立大学人間文化学部研究報告『人間文化』31号14～44頁—を参照。Seymour, James D. 2000. “Xinjiang`s Production and Construction Corps, and the Sinification of Eastern Turkestan.”Inner Asia 2(2): p171-94。
102. 史衛民、何嵐（1996）15～33頁。
103. 何嵐、史衛民（1994）152～156頁。
104. 中国都市の「街道」と呼ばれる「市」や「区」の出張所の下に設けた組織を「社区」という。「社区」を居民委員会の自治組織が管理している。仕事は治安、防災、保険衛生、文化娯楽など多岐にわたり、住民による各種の委員会が運営にあたっている。
105. 霍林郭勒市志編纂委員会編（2008）111～113頁。
106. 五大露天鉱とは､内モンゴル･ジリム盟（現通遼市）のホーリンゴル露天鉱、内モンゴル・フルンボイル盟（現フルンボイル市）のイミン（伊敏）河露天鉱、内モンゴル･ジョオド盟（現赤峰市）の元宝山露天鉱、内モンゴル・イヘジョー盟（オルドス市）のジョンガル（准格爾）露天鉱と山西省の平朔露天鉱のことを指す。ここで注目すべきは、この五大露天鉱のうち4つが内モンゴルにあることだ。

107. 霍林郭勒市志編纂委員会編（2008）99 ～ 106 頁。
108. 烏拉盖総合開発区志編纂委員会編（2000）48 頁。
109. 烏拉盖総合開発区志編纂委員会編（2000）46 頁。
110. 烏拉盖総合開発区志編纂委員会編（2000）24 頁。
111. 烏拉盖総合開発区志編纂委員会編（2000）45 ～ 55 頁。
112. 烏拉盖総合開発区志編纂委員会編（2000）50 ～ 52 頁。
113. ホーリンゴル市政府の非公開の資料によれば、ホーリンゴル炭鉱の測量は1957 年から始まったと記載されている。これが事実だとすると、1957 年以前にすでにホーリンゴル炭鉱が発見されていた可能性が高い。しかし、市政府から出版されている資料には殆どで 1958 年に牧民が石炭を発見し、政府に報告したと書かれている。市政府は炭鉱開発を順調に進めるため、あえて牧民が石炭を発見して政府に報告したことを強調しているのではないかと考えられる。（市史志編纂委員会（1995）21 頁。）
114. 政協霍林郭勒市委員会編（2001）1 ～ 10 頁。（王許茂、長戈）
115. 「五七軍馬場」は 1963 年に建設され、内モンゴル公安部隊の管轄下にあって、人員は全て現役軍人であった。当初は「ウラガイ（烏拉盖）河軍馬場」と称されていた。1966 年に中国解放軍総後勤部に所属が変更され、それにともない「五七軍馬場」と改められた。さらに 1975 年に内モンゴル自治区の行政再編によって「五七軍馬場」は吉林省に属し、吉林省「五七馬場」と改名された。そして、1977 年 11 月になるとホーリンゴル鉱区に引き継がれ、ホーリンゴル農牧場と改名された。当時、占有地面積は 2,580 ㎡、総人口は約 3,000 人で従業員は 1,150 人であった。
116. 霍林郭勒市志編纂委員会編（1996）11 頁。
117. 霍林郭勒市志編纂委員会編（1996）449 頁。
118. 1940 年代末から 1950 年代初頭にかけて、中国の農村部では、「土地改革」にともない「地主、富農、中農（上中農、下中農）、貧農、工人」など 5 つの階級区分が行われていた。当初、牧畜地域における階級区分は行われてはいなかったが、その後の「文化大革命」期になると内モンゴル自治区においても、新たに「土地改革」が実施された。それにともなう階級区分も行われたのであろう。記事の中に記された「中牧」とは牧畜地域における中農に当たる存在だと考えられる。中農（中牧）とは小資産階級で、一定の土地や家畜および農具を有するが、雇いと雇われる関係を持たない人々を指す。また中農は資産階級と無産階級の二重性を持っているため、革命の勝負を決する上で重要な立場でもあった。そのため、中国革命運動の中では団結対象となり、彼らの利益は保護されてきた。

119. 霍林郭勒市志編纂委員会編（1996）15 頁。

120. 霍林郭勒市志編纂委員会編（1996）107 頁。

121. 霍林郭勒市志編纂委員会編（1996）63 頁。

122. 政協霍林郭勒市委員会編（1999）80 頁。

第3章
炭鉱都市ホーリンゴル市の建設過程における地方行政の再編

はじめに

本章では、中国少数民族地域における地下資源開発が地方行政の変遷に如何なる影響を与えたかを明らかにしたい。

中華人民共和国建国直後から、少数民族地域は原材料の供給地として中国経済の発展に大きな役割を果たしてきた。現在、中国経済は高度成長時代に入ったため、資源エネルギーの需要はこれまでよりも大きく増加している。これに伴い、少数民族地域における資源開発もピークに達しており、少数民族の地域社会は大きな変貌を遂げることになった。

先の章で指摘した通り、内モンゴル自治区では当初生産建設兵団による開墾が行われていた。生産建設兵団とは開墾と辺境防衛を行う準軍事的組織であるが、内モンゴルでは炭鉱開発も行なわれていたのだった。ジャロード旗北部地域では 1970 年頃から炭鉱開発が始まり、それに伴い 1985 年には炭鉱都市ホーリンゴル市が建設されることになった。つまり、炭鉱開発だけでなく一つの大きな都市までつくり上げてしまったのである。

ホーリンゴル市が建設された場所は、これまでジャロード旗北部地域の牧民たちが夏営地として利用してきた優良な牧草地であった。人民公社時代にジャロード旗北部の人々は集団的・計画的生産体制のもとで、定住地とされた南部を冬営地のように使用し、春から秋にかけて北部の夏営地に移動して「遊牧的生活」を送っていた。モンゴル人牧民の放牧にとって、雪が多い寒冷な冬春を乗り越えるため、夏秋に優良な牧草地を確保することは欠かせない。そのためジャロード旗北部地域の夏営地は、牧畜を営むうえで重要な場所であった。ところが、その夏営地にホーリンゴル市という都市が建設されてしまった。このことにより、牧民たちはこれまでのような牧畜業を行うことができなくなってしまう。

さてホーリンゴル市が建設される直前の1980年代初頭、中国の農村においては全国的に「郷村制」が復活し、各人民公社は解体され郷・鎮に改編されることとなった。また、生産大隊[123]は村となり村民委員会が設置され、生産隊は村民小組へと再編された。内モンゴル自治区でも同様の改変が行われ、人民公社はソム・郷・鎮政府に、生産大隊はガチャー（嘎査）・バガ（巴嘎[124]）に､生産隊は村民小組へそれぞれ再編成された。

しかし、ジャロード旗北部地域での行政組織の再編は人民公社からソムや鎮への単なる移行ではなかった。ホーリンゴル市の建設と同時に、ジャロード旗政府は旗の北部地域にまず1984年にアルクンドレン・ソム（阿日昆都楞・蘇木）を、次いで1985年にホーリンゴル市と隣接する場所に新たなソムを設置した。そしてそのソムの名をホーリンゴル・ソム（霍林郭勒・蘇木）とした。隣り合う市とソムが同じホーリンゴルと名付けられたことは注目に値する。ちなみに、アルクンドレン･ソムには10村、ホーリンゴル・ソムには9村が設置され、旗政府は牧民をそこに移住させた。これはいったいどのような意味があるのだろうか。

ジャロード旗政府の行政再編と炭鉱都市ホーリンゴル市の建設がほぼ同時であるだけでなく市と隣接するソムにホーリンゴル市と同じ名を付けていることから、両者は強く関係していると考えられる。前章で述べたように、生産建設兵団によって炭鉱開発が開始され、その規模が徐々に拡大した。そして、その後、炭鉱開発が本格化し、多くの牧草地がホーリンゴル炭鉱に占有されてしまう。広大な牧草地が占有されたことで、牧民たちは自由に放牧できなくなり、炭鉱開発と牧民の対立が顕在化していくことになる。その後、炭鉱開発が拡大の一途をたどり、それに伴って牧草地の占有もさらに増えていった。そのうえ、炭鉱労働従事者は増加の一途をたどり、中には牧草地を開墾して農業や野菜の栽培などを行う者も現れるようになった。

このことは牧民たちにとって、死活問題であった。なぜならば、このような炭鉱開発や開墾は、牧畜業にとって最も重要である春から秋にかけて利用していた牧草地が奪われることを意味するからだ。その結果、放牧を行っている牧民と炭鉱開発を進める炭鉱側との対立はますます激しくなり、

1980年全国人民代表大会の小組討論会では、ホーリンゴル炭鉱開発が牧民の生活や牧畜業に甚大な影響を与えているという意見が出されるに至った[125]。だが、その後もジャロード旗北部地域における土地の紛争が絶えることはなかった。したがって、炭鉱開発に対する牧民たちの怒りはさらに大きくなったのである。

上記のような状況を受け、ジャロード旗政府は牧草地を守り、牧畜業の安定的な成長を目指すことも重要な課題の1つだという認識を持つようになった。そこで、ジャロード旗政府は1980年代初頭から領導小組（対策チーム）を組織して、ホーリンゴル炭鉱による牧草地徴用や土地紛争、補償金などの対応を検討し始めた。その一環としてホーリンゴル地域に「牧区建設弁公室」(牧畜地域を建設するための事務室)を設置し、ホーリンゴル炭鉱に関連する一連の問題に対応させることにした。さらにジャロード旗政府は「新居民点」建設プロジェクトを打ち出し、まず3つの「夏営地弁公室」の建設と数か所の「新居民点」の建設を行った。夏営地弁公室とは牧草地を管理し、炭鉱労働者たちによるさらなる牧草地の占拠を抑えることを目的として設置されたものである。一方「新居民点」とは夏営地が占有され、牧民が定住化に追い込まれたことによる人口と家畜の集中による圧力を解消するため、戸数と家畜頭数が比較的に多い村を解体して、新たに一部の人々を移住させた場所のことを言う。しかし、「夏営地弁公室」による牧草地の管理・保護は大きな効果がなかったようだ。一方の「新居民点」の建設は順調に進んだ。そのうえ、「新居民点」の建設は牧畜業の成長に繋がるだけではなく、牧草地の管理・保護にも有効であった。そこで、「新居民点」の数をさらに10か所に増やすことになった。この結果形成されたのが、アルクンドレン・ソムである。同ソムは、1984年に設置された。また、現在のホーリンゴル市の境界線を越えて牧草地に入ってきた人々を押し戻し、防波堤のように形成されたのがホーリンゴル・ソムであった。

ジャロード旗北部の行政再編には以上のような問題が存在しており、以下の各項ではこの問題をさらに掘り下げて考察する。まずジャロード旗北部地域社会の実態を概観し、ジャロード旗北部地域におけるホーリンゴル牧草地の重要性を検討する。そのうえで、1980年代に行なわれたジャロード旗北部の行政再編の社会的背景の分析を試みる。つまり、本章ではホーリンゴル炭鉱の開発によって、牧民たちにとってかけがえのない牧草地が次々と奪われることになり、炭鉱開発を進める炭鉱側と牧民たちの対立、そしてその対立の解決策として実施された行政再編の実態を明らかにしたい。

1 「ジャロード旗北部」という地域社会

1–1 自然環境から見たジャロード旗の特徴

ジャロード旗は通遼市の西北部、大興安嶺の南斜面およびその下に位置するホルチン（科爾沁）沙地から基本的に成る通遼市所属の行政単位の一つである。同旗は、東南部は通遼市の開魯県とホルチン左翼中旗、北部はシリンゴル盟の東・西ウジュムチン両旗と炭鉱都市ホーリンゴル市と接し、東北部はヒンガン（興安）盟のホルチン右翼中旗、西南部は赤峰市のアルホルチン（阿魯科爾沁）旗と隣接している（図3–1を参照）。

2009年の統計によると、旗の総面積は1.75万平方キロで、内モンゴル自治区東部各旗の中でも比較的大きい旗に数えられる。旗における耕地面積は14.89万ヘクタールで、主に中部と南部に集中している。牧草地面積は113.33万ヘクタールで特に旗の北部地域に集中している[126]。

同旗の総人口は314,704人であり、そのうち、モンゴル族は154,867人、漢族は150,857人で、それぞれ旗総人口の49.21％と47.94％を占め、民族の人口割合は拮抗している[127]。家畜について、2009年現在、牛は327,745頭、羊は784,239頭、ヤギは2,387,727頭、豚は274,185頭である[128]。ヤギの頭数が圧倒的に多いことが特徴である。

ジャロード旗は東南から西北に細長く伸びており、南部が松遼平原[129]の西端に属し、北部に大興安嶺山脈の一部に当たるハンオーラ山（han uula 罕山[130]）を中心とした山々が連なるなど複雑な地形や気候を有している。そのため、農耕・半農半牧・牧畜の3つの経営形態が併存していることもこの地域の特徴である。また、大興安嶺山脈の南麓に位置する各旗の中で、現在もなお遊牧が残っている数少ない地域でもある。

図 3–1　内モンゴル自治区の中のジャロード旗地図

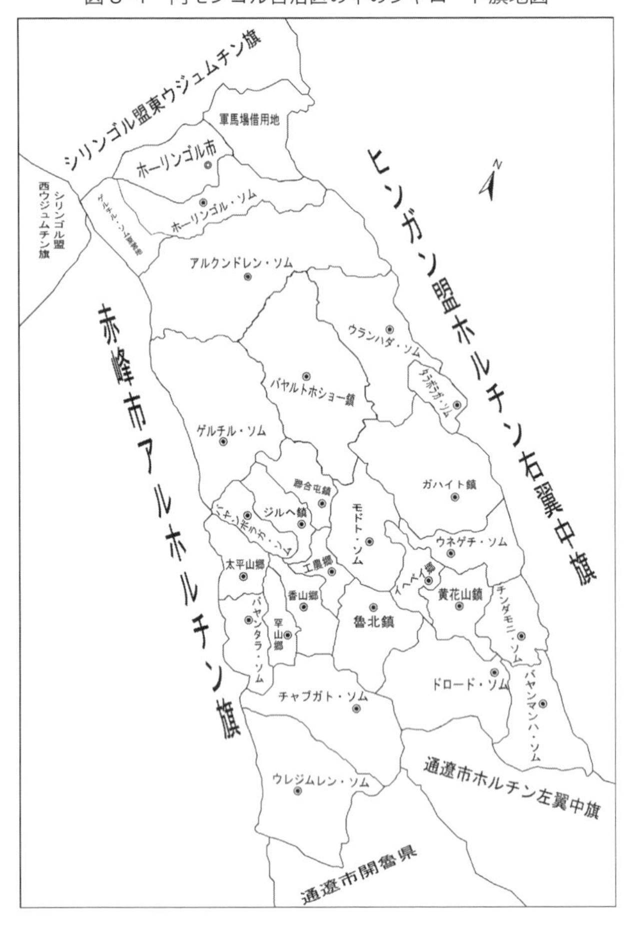

ジャロード旗の西北部に標高の高い山々が林立し、中部は低山丘陵となっており、この２つの山地の間は狭い平地となっている。南部は比較的広い平地が広がっているものの、そのほとんどが砂漠・砂地である。南部地域の面積は 44.72 万ヘクタールであり、旗総面積の 26.8％を占める。ここはホルチン沙地と呼ばれ、中国でも砂漠化が最も進んだ地域の一部でもある。

さらにジャロード旗北部の標高は海抜1,444.2メートルにも達しており、中部の標高は海抜365.3メートル、東南部の標高は海抜179.2メートルで、南北標高の標高差はおよそ1,200メートルにもおよぶ[131]。つまり、ジャロード旗の地形は南低北高だと言える。

ジャロード旗は大陸性気候に属しながらも季節風の影響を受ける。そのため季節による降水量の変化が大きい。北部は半湿潤気候で、中部と南部が半乾燥気候に区分され、共に大陸性気候の特徴である乾燥状態を基本としながらも、季節風の影響を受け降水量が比較的多い季節が存在する。

表3–1　ジャロード旗の気候状況の対照（1987～2009年）

	1987年～2009年の各月年間平均値				1987年～2009年の年間平均値		
	気温（℃）	最高気温（℃）	最低気温（℃）	降雨量（mm）	霜が降りない日	最多霜が降りない日	最小霜が降りない日
魯北鎮	6.6	40.6	-29.5	382.5	139	162	112
バヤルトホショー鎮	3.2	38.5	-34.5	437.7	114	124	96
ホーリンゴル地域	0.9	37.5	-39.4	379.9	96	80	116

出典：扎魯特旗志編纂委員会編（2010）95～99頁と霍林郭勒市志編纂委員会編（1994～2006）105頁に基づき筆者作成。

表3–1は1987～2009年の南部の魯北鎮と北部のバヤルトホショー鎮（ハンオーラ山の南麓）、そしてホーリンゴル地域（ハンオーラ山の北麓とホーリンゴル市を含む）の気候状況を対照したものである。表3–1から分かるように魯北鎮の各月年間平均気温が6.6℃に対して北部のバヤルトショー鎮の平均気温は3.2℃である。特にホーリンゴル地域の平均気温が0.9℃となっており、北へ行くほど平均最低気温や最高気温も低いことが分かる。一方、降水量は、1987～2009年の魯北鎮の年間平均降雨量は382.5 mmであるのに対して北部のバヤルトホショー鎮の年間平均降雨量は437.7 mmだ。ホーリンゴル地域の年間平均降雨量は379.9 mmであるので、大興安嶺南麓の地域の平均降雨量が比較的高いことが分かる。内モンゴル自治区各旗の中でも、ジャロード旗の降雨量の季節変化は激しく、夏は暑くて降雨量が集中している。1987～2009年の夏の年間平均降雨量は291mmで、毎年年間平均降雨量の76%を占めている[132]。

表3–1から1987～2009年の魯北鎮における霜が降りない日は、年平

均139日であることが分かる。また、北部のバヤルトホショー鎮は霜が降りない日が魯北鎮より少なく、ホーリンゴル地域はさらに少ない。周知の通り、霜の降りる日の多い少ないは、あらゆる農産物の収穫に大きな影響を与える。つまり、ホーリンゴル地域はジャロード旗の中でも、より農業には適していない地域であると言える。

上述のような地形や気候の状況ゆえに、ジャロード旗には農耕、半農半牧、牧畜の3つの経営形態が同時に存在するようになったと考えられる。また、ジャロード旗北部地域のモンゴル牧民たちがホーリンゴルの牧草地を夏営地として利用してきた理由もこのような地形、気候に起因していると言える。

1-2　ジャロード旗北部地域社会の歴史とその特徴

ジャロード旗北部にはバヤルトホショー鎮、ゲルチル・ソム、ウランハダ・ソム、バヤンボラガ・ソムがあり、この1鎮3ソムのことを通称ジャロード旗北部地域と呼んでいる。この4つの地域はいずれも牧草地を有していた。その牧草地がホーリンゴル地域だ。ところが、後にその場所には炭鉱都市ホーリンゴル市が誕生することになる。このことは、ジャロード旗北部の変化に大きな影響を与えた。中でも1980年代に行われたジャロード旗政府による行政再編には大きな意味がある。そこで以下では、ジャロード旗北部において行政再編が行なわれるまでの地域社会に関する歴史を振り返ってみたい。

1947年5月1日に内モンゴル自治政府が成立した。その後、内モンゴル自治区の農耕地域において土地改革が始まるが、牧畜地域では改革は緩やかなものであった。ジャロード旗でも、南部の農耕地域で階級闘争が行われた。地主が所有していた土地は中国共産党によって各農民に分配されたものの、内モンゴルのほかの農耕地域と同様に行き過ぎた点が多く、多数の死者が出た。

一方、北部の牧畜地域は南部の農耕地域に比べ緩やかであったが、牧民の階級分け闘争が行われ、家畜の所有頭数が多い牧主から貧しい牧民へ分配された。その結果、貧しい牧民も自由に放牧できるようになった。

では、彼らはどこを牧草地として放牧していたのであろうか。そのことをうかがい知ることができるのが、1950年4月に、ジャロード旗と隣接するシリンゴル盟で発生した山火事だ。史料によるとジャロード旗ホーリンゴル春営地にいた5,000頭の家畜が、この火災により死傷したと書かれている[133]。このことからジャロード旗北部の牧民たちは、土地改革の頃もホーリンゴル地域を牧草地として利用していたことが了解できよう。

この土地改革が行われた1950年代初め、ほかの内モンゴル自治区地域と同様に、ジャロード旗でも牧民は家畜や生産手段の私有を残しながらも自主的に「互助組」に加入することになった。「互助組」とは家畜の集団所有を行うもので、1953年に「初級合作社」へと名前を変え、さらに1956年には「高級合作社」となり、この時全員参加が義務付けられた。1958年からは人民公社化が始まり、ついに牧草地の私有も認められず、すべての集団所有が義務付けられた。

さらにその後、毛沢東の号令により同年から大躍進運動が始まると、工業と農業の目標生産量が非常に高く設定された。このため、ジャロード旗北部地域でも牧草地を開墾して農業を行なわざるを得なくなった。これにより、牧草地は縮小し、牧畜経済は衰退傾向を示すようになる。

しかし、この大躍進運動は周知の通り失敗に終わり、1961年から全国的に経済政策の見直しが行なわれるようになった。具体的にいうと、ジャロード旗北部地域において1962年から「三定一奨」(労働の固定、生産過程の固定、費用の固定、超過生産の場合の奨励）と呼ばれる政策が導入され、牧民による積極性が強調（推奨）された。さらには人民公社の社員とされていた牧民にも家畜の私有が認められることになった。だが、1966年から文化大革命が始まると改めて農耕化が進められ、草原は農地化し、牧畜経済が再び圧迫されていく。

上述のように中華人民共和国建国後の一連の政策は、農業化や公有化を進めることが多かった。その結果、草原は次々と開墾され、遊牧民は定住化を余儀なくされていった。しかし、ジャロード旗北部の人々は半世紀に渡る農耕化政策の荒波にさらされたにもかかわらず、現在まで牧畜の営みを守ってきた。なぜジャロード旗北部は牧畜業を守り抜くことができたのだろうか。以下においては、文化大革命後から請負制導入までのジャロード旗北部の状況について論じつつ、この地域におけるこれまでの農耕化政策の結果について考える。

表 3–2　ジャロード旗北部の４つの人民公社の基本状況（1981 年）

項目／公社	戸数	人口	モンゴル族		耕地面積（ムー）	牧草地面積（ムー）	家畜頭数		
			戸数	人口			総数	牛と馬	ヤギと羊
バヤンボラガ公社	615	3,361	421	2,317	13,850	300,000	20,135	5,384	14,751
ゲルチル公社	1005	6,049	977	5,891	29,631	1,580,210	108,719	26,375	82,344
バヤルトホショー公社	907	4,705	900	4,660	22,105	619,100	79,597	17,463	62,129
ウランハダ公社	905	5,227	897	5,176	22,975	962,300	65,212	14,962	50,250

出典：内蒙古自治区扎魯特旗档案館所蔵「牧区建設弁公室」138（1985 年 1 月～ 1985 年 11 月）。

上記の表 3–2 はジャロード旗北部に組織された４つの人民公社に関する諸データをまとめたものである。ここから分かるようにジャロード旗北部地域の人口の大部分がモンゴル族である。また、ある程度の耕地面積が存在していることも分かる。これは人民公社時代や文化大革命時期に政府が進めた農耕化政策によるものと思われる。ただし、一部で農業も行われてはいるものの、比較的広い牧草地を有し、多数の牛・馬・羊・ヤギなどを飼っている。つまり、ジャロード旗北部地域の牧民は農耕に向かない自然環境のため牧畜を堅持し、季節移動を行い、生計を立ててきたのである。言い換えれば、中国政府による農耕化政策が進められても、この地域における主な生業が牧畜業から農業に転換することはなかったのである。

また、表 3–2 からはゲルチル公社の牧草地面積のみがそのほかの公社の牧草地面積を遥かに上回っていることが分かる。これは、ゲルチル公社の牧草地が、ホーリンゴル炭鉱にほとんど徴用されなかったことに関係している。一方でバヤルトホショー公社、ウランハダ公社、バヤンボラガ公社の牧草地のかなりの部分が、ホーリンゴル炭鉱に徴用されてしまい、その結果牧民は完全に定住化することを余儀なくされる。だが、ゲルチル・ソムの牧民は、ホーリンゴル地域に残っている牧草地を夏営地として利用し、現在も移動放牧を行っている。

さて、1981 年の段階においてもジャロード旗北部地域の４つの人民公社

表 3–3　ジャロード旗北部地域生産大隊の基本状況（1981 年）

公社	項目／社隊	戸数	総人口	モンゴル族		耕地面積（ムー）	牧草地面積（ムー）	家畜頭数		
				戸数	人口			総数	牛と馬	ヤギと羊
バヤルトホショー公社	バヤルトホショー	282	1,300	278	1,279	5,800	120, 000	11,353	3,381	7,972
	エムネサラー	56	235	54	271	2,200	21,500	1,986	358	1,628
	ホブレト	117	647	117	647	3,000	90,000	16,090	2,775	13,315
	ウンデルハダ	79	408	79	408	1,900	69,000	8,491	1,524	6.,967
	バリムト	73	422	73	422	1,800	71,000	7,726	1,401	6,325
	ドルベレジ	130	750	129	745	3,200	77,600	12,640	3,257	9,383
	ホイトサラー	75	441	75	441	1,600	95,000	11,075	2,131	8,944
	トブシン	95	502	95	502	2,200	75,000	9,936	2,341	7,595
ウランハダ公社	ウランハダ	259	1398	252	1,348	7,773	50,300	4,619	1,935	2,684
	ドルベンゲル	186	1163	186	1,163	7,584	47,000	3,687	1,702	1,985
	ホンゴト	80	460	80	460	1,400	160,000	9,709	2,509	7,200
	サイブル	76	423	76	413	1,200	125,000	10,375	1,583	8,792
	チャガンエンゲル	88	532	88	532	1500	208,000	18,068	3,400	14,668
	エルデンボラガ	34	203	34	203	1,380	30,000	624	286	338
	バヤンジャラガ	38	235	38	235	1,504	35,000	749	321	428
	バヤンゲル	54	319	54	319	800	125,000	5,878	917	4,961
ゲルチル公社	ゲルチル	168	964	157	898	5,598	107,011	10,078	2,558	7,520
	ノウダム	118	708	118	708	3,260	317,237	12,081	2,995	9,086
	ハレジ	97	625	95	617	2,650	134,818	14,901	3,359	11,542
	フグルゲ	98	630	96	622	2,625	202,789	15,535	3,045	12,490
	ハダンアイル	88	594	86	582	3,740	144,385	8,954	2,728	6,226
	チャガンエルゲ	69	425	69	425	2,220	75,577	5,164	1,153	4,011
	フゲグト	96	539	96	539	1,950	119,251	13,317	3,234	10,083
	サインホショー	78	465	72	432	2,100	125,498	10,688	2,234	8,454
	チャガンオボー	118	636	118	636	3,275	102,366	11.209	3,314	7,895
バヤンボラガ公社	バヤンボラガ	101	520	79	402	2,420	4,051	4,051	1,056	2,995
	オボーアイル	94	525	93	524	2,000	6,364	6,364	1,353	5,011
	タラアイル	90	527	89	525	2,530	4,116	4,116	1,302	2,814
	マンハト	330	1789	160	866	7,300	5,595	5,595	1,664	3,931

出典：内蒙古自治区扎魯特旗档案館所蔵「牧区建設弁公室」138（1985 年 1 月～ 1985 年 11 月）。
注：①総人口からモンゴル族人口を引いた数字は漢族人口に相当する。
②公社名と同名の生産大隊は公社政府所在地である。
③影が付いている生産大隊は後の行政再編の際、アルクンドレン・ソムとホーリンゴル・ソムに多くの戸数を移動させて、村が形成される。

には、29を数える生産大隊が残っていた。表3–3はジャロード旗北部地域の人民公社に配置された各生産大隊の基本状況を表したものである。生産大隊の戸数をみると、比較的戸数が多い生産大隊がかなりの数にのぼることが分かる。このような戸数の多い生産大隊では、牧民の生活に無理が生じているのではないかと考えられる。なぜならば、生産大隊の中心が置かれている冬営地において、家畜の頭数が多すぎ、牧畜生活が営みづらい環境になってしまうからだ。

表3–3から分かるように、ジャロード旗北部の各生産大隊の人口はモンゴル族が大半を占め、漢族はごく少数しかなく、彼らの殆どが公社政府所在地に集中していた。また各生産大隊は移動放牧を行う前提条件として、広い面積の牧草地を有している。

一方で、小規模ながら耕地の保有も見られ、ジャロード旗北部地域では請負制度が導入される以前から農耕が行なわれていたことがうかがえる。戸数の移動があった各生産大隊の共通点は戸数や家畜頭数が多く、且つ広大な牧草地を有している、と言える。家畜頭数が多く、広い牧草地を有していてもホーリンゴル地域に牧草地を保有していなかった生産大隊には戸数の移動がなかったと考えられる。また、バヤンボラガ公社からは牧民が移動して村を形成しなかったことが表3–3から分かる。しかしながら、バヤンボラガ公社はハンオーラ山の北部に牧草地を有していたようだが、ここはホーリンゴル炭鉱に徴用されたと言われている。

人民公社制度が行われていた頃、内モンゴル自治区のほかの地域と同様に、ジャロード旗北部地域の「生産大隊」に属する牧民たちは、世帯別に受け持つ家畜の種類が決まっていた。つまり、馬を受け持つ世帯、牛を受け持つ世帯、羊を受け持つ世帯や農業を受け持つ世帯などいくつかのグループに分けられていた。4つの人民公社の牧草地は南北に細長く伸びており（図3–2を参照)、境界線は山、丘や河などによって明示されている。牧民たちは放牧の際、原則的に自らの牧草地の境界内に留まるが、境界線を乗り越えてしまうこともよくあるという。特に馬のように移動範囲が比較的に広い家畜の場合、自分の牧草地の境界線を大きく超えることも稀ではなかった。

図3-2　ジャロード旗北部地域（1984年以前）

ジャロード旗北部地域の牧民は冬（11～２月）に殆ど移動しないで、冬営地周辺で家畜を放牧する。春（3～５月）は旧暦の正月が終わる頃に

なると、ほとんどの世帯が冬営地から北へ移動して、ハンオーラ山の南麓のアルクンドレン地域で過ごす。そのためここを春営地と呼ぶことも多い。古くからモンゴル牧民は、羊やヤギのオスを去勢するか、オスとメスを隔離して放牧するなどによって、家畜の出産調整を行い、春に一気に出産するようにしてきた。家畜の出産には何かと、準備やその後の処理に時間が必要であるため、人民公社制度下では羊・ヤギを受け持つ家庭の移動は牛や馬を受け持つ家より多少遅れたのではなかろうか。なお、中には春にハンオーラ山の南麓に留まらないで直接ホーリンゴルの牧草地にまで移動する家庭もあったという。

夏（6～8月）になると冬営地から北に100キロほど離れたハンオーラ山の北側のホーリンゴル地域に移動する。夏は秋と春のように頻繁に移動せず、比較的に1か所に集まる傾向がある。なぜならば、牧民は夏に羊毛刈りや乳しぼりなどの作業を行うため、互いに助け合う環境作りが必要だからである。自然環境の面から言えば、夏に草は長くて繁茂しているため、家畜が踏み固めることによる草原の破壊が最小限に抑えられる。そして、牧民は夏と秋に家畜を太らせて、厳しい冬春に備えるのである。そのためにも、モンゴル牧民にとって優良な牧草地は欠かせない。

こうした、ジャロード旗北部の牧民にとって優良な牧草地がホーリンゴル地域なのである。彼らの話によると、ホーリンゴル地域の牧草はもともと炭鉱鉱脈の上の土壌に生え、且つ雪や雨により水分も豊富であったためよく繁茂し、生産性が高い草原であったという。しかも、草の種類も豊富で、一握りの草に15～20種の植物が含まれていたそうだ。さらに、フィールド調査中、この地域の牧民は以下のようなことをよく口にしていた。「厳寒の冬を乗り越えて、痩せて弱くなった家畜たちは、ホーリンゴルの牧草地に移動すると、まもなく元気になる」。以上のことから、ジャロード旗北部の牧民にとってホーリンゴル地域が優良で不可欠な牧草地であったことに間違いはないであろう。

またこの地域に伝わる以下の言い伝えからも、ホーリンゴル地域の牧草地の良質さが分かる。

「チンギス・ハーンは大モンゴルを統一するため、日々戦争を行っていた。そしてある日、高い山の北側に流れる川にたどり着いた。川の周辺は草木が繁茂し、清らかな水が溢れる広い草原地帯であった。そこで、戦争に疲れ切っていた兵士や軍馬を休ませることにした。そうすると何日も経たないうちに軍馬たちは、見る見るうちに肥え太り元気になった。それを見てチンギス・ハーンはとても喜び、兵士や軍馬たちに水や草を提供してくれたこの川をホーリン川（糧なる川）と呼ぶことにした[134]」。(訳 包宝柱)

この言い伝えはホーリン川の名前の由来に関するものである。そこで「ホーリンゴル」という言葉を説明しておきたい。「ホーリン」(huulin)という言葉には同音異義のモンゴル語がいくつかあるが、綴り方は異なっている。この言い伝えに使われている「ホーリン」は食料を意味する。ただし、現在のホーリン川のホーリンの綴り字には食料の意味がなく、音のみが同じである。それにもかかわらず、敢えて現在のホーリン川のホーリンを食料という意味のホーリンで綴り、そこから変わったと言い伝えているのはなぜだろうか。それは、牧民がホーリンゴル草原の重要性を強調しているからだ、と考えられる。ちなみに今日の「ホーリンゴル」の「ゴル」(gol) とは川の意味だ。ホーリン川はジャロード旗ハンオーラ山の西北頂上にあるオボーンボラガ（oboonbulag オボーンという名の泉）に源を発する川である。当然ながらホーリンゴル市の名称もホーリン川に由来している。

ジャロード旗北部の牧民は秋（9～10月）になってもそのまま夏営地に留まり、家畜を太らせることに努める。夏は家畜が肥え太っていると言っても、それは「水太り」状態に過ぎず、そのままでいくと厳寒な冬を乗り切れない。そのため、栄養が豊富な草を家畜に食べさせるだけではなく「脂肪太り」に変えるためよく移動させる必要がある。移動のルートは特に決まっていないようだが、家畜は草の先端部分を好んで食べるので、そのような草を求めて放牧することが一般的である。草の先端部分には栄養分の多い種子があるため、家畜もそれを好んで食べる。

そして、10月に入ると冬営地に向けて移動を始める。これまで見てきたように、ジャロード旗北部の牧民は通常「ホーリンゴル地域を夏営地として利用している」という言い方をするが、実は1年のうち約8か月間をホーリンゴルの牧草地で過ごしているのである。つまり、この地域のモンゴル牧民にとってそれだけホーリンゴル地域の草原は牧畜に不可欠の牧草地なのである。

さて、ジャロード旗北部地域の牧民は小規模の農業を営んでいることが表3–2と表3–3から分かる。本来この地域のモンゴル人はナマク・タリヤ農耕[135]を行い、作物としてはキビ（ウルチキビ[136]）、サガド（蕎麦）を栽培していた。聞き取り調査によると、中華人民共和国建国後、人民公社や大躍進運動などの農業を推進する政策の下、広大な草原が開墾され、徐々にトウモロコシ、アワなどの穀物も栽培するようになったという。

しかしながら、ホーリンゴル地域に限って言えば1970年までトウモロコシやアワなどの作物は広く普及することはなかったと考えられる。その理由の一つとして、吉田順一は「ジャロード旗北部のように、近年まで農業を重視する政策が実行されていた地域で、最近三年続いた干ばつを経験して、それまでの農業化政策の誤りを認めて、牧畜優先に方向を転じた例もある」と力説している[137]。また、このジャロード旗北部地域において農業が定着していなかったこともうかがえる。この吉田の説を裏付けるように、1976年や1980年、ジャロード旗全体で「農業生産大隊」から「牧業生産大隊」に転じた「生産大隊」が相当数存在していた[138]、というデータもある。さらに、この時期は農業から牧畜に転換を推奨する政策も取られていた。ところが、これまでの開墾の影響もあり、伝統的なナマク・タリヤ農耕は次第に衰退していくことになり、今日ではほとんど見ることができない。

ジャロード旗北部地域ではナマク・タリヤ農業以外に狩猟もかつては盛んに行われていた。この地域は大興安嶺の支脈という自然環境に恵まれ、少なくとも1980年代初頭までは木々と草花によって青々と繁っていたそうだ。そのため、鹿、ノロ、猪、ガゼル、野ウサギ、狼、狐や山キジなど多くの野生動物が棲息しており、牧民はそれらを狩っていた。また、いくつかの「生産大隊」の牧民が共同で巻き狩りを行うこともあったが、多くの場合は個人で狩猟を行っていたという。それだけ野生動物の数や分布規模が広いことを意味するものであろう。ただし、獲物が商品化されることは少なく、余るほどの状態でなければ、牧民たちは商品としては売らなかった。しかし、1970年代中頃のホーリンゴル炭鉱の拡大化により、人口が増え、野生動物などもだんだん姿を消していき、それにともない狩猟も姿を消していった。

ジャロード旗北部の牧民はモンゴルの伝統行事であるナーダム祭を毎年のように行っていた。建国後、ナーダム祭は1951年から始まり文化大革命の影響で1967年から一時期中断されたが1972年に復活され、1973年まで合計14回行われた。ところが、炭鉱開発の影響で再び中止に追い込まれてしまう。このナーダム祭は「ジャロード旗ナーダム」と称されているが、参加者の殆どが北部の4つの牧畜地域のモンゴル牧民で、開催場所はホーリンゴルの牧草地であった。ナーダムは夏から秋へと移りゆく美しい季節に行われ、モンゴル民族の伝統を誇示し、遊牧生活の喜びや草原の豊かさを称揚するものである。ナーダム祭において最も人気があるのが競馬、相撲、弓射の3つのモンゴル伝統競技である。建国後のナーダム祭では、全旗における模範農民、模範牧民など労働模範や、優良種牛、種羊なども表彰されることも多かった。それ以外に、牧民は家畜や毛皮、そして狩猟の獲物をこのナーダム祭において商品化し、その代わりに日常生活に必要な品物を買う。つまり、ナーダム祭はジャロード旗北部の牧民の定期市の役割を果たしていたのである。その商売相手は旗や各地方のホルショー（供銷社[139]）であった。この地域のモンゴル牧民はナーダム以外に山の祭祀や泉の祭祀なども地域ごとに行っていた。

さて、ここまではジャロード旗北部の牧民が建国後、政府による度重なる農業化政策の荒波にさらされながらも、結局牧畜を堅持してきたことを述べてきた。それは牧畜がこの地域の自然環境に結合した生業形態であるからであった。また、この地域の伝統的牧畜の堅持にはホーリンゴル地域の優良な牧草地は欠かせない。しかし、1980年以降、ホーリンゴル炭鉱の本格化により、ジャロード旗北部地域に大きな変化が押し寄せることになる。

2　炭鉱都市ホーリンゴル市の建設と地方政府の攻防

2-1　ジャロード旗政府による「牧区建設弁公室」の設置

1978年に行われた中国共産党第十一期中央委員会第三回全体会議により農村地域では経済改革が進められ、その後1982年に請負制度が導入された。それにより農牧民たちは積極的に生産力の向上を目指し、その結果農牧業は発展し、農牧民の所得も増加した。内モンゴル自治区ジャロード旗にも同様の政策が導入され、農牧民の収入が年々増加していった。1983年6月末、ジャロード旗の家畜頭数は86万6,735頭に達し、年間増加率は13.8%となった。ジャロード旗北部の4つの牧畜地域に限ってみると、家畜頭数は26万6,501頭になり、ジャロード旗における家畜頭数の30.7%を占めるようになった[140]。しかし、この数字は1981年のジャロード旗北部の家畜頭数27万3,663頭より7,000頭以上も少ない[141]。全国的に経済改革が実施され、経済効果が高かったと思われるにもかかわらず、なぜジャロード旗北部の家畜頭数は減少したのだろうか。その原因はほかでもなく、ホーリンゴル炭鉱開発の影響であろう。

第2章で述べたように、1975年の周恩来総理の指示により、ホーリンゴル炭鉱の開発が本格的に行われた。それにより、ホーリンゴル炭鉱はジャロード旗北部の広大な面積の牧草地を占有することになったが、モンゴル牧民たちには補償金などは一切支払っていなかった。その後も炭鉱による牧草地の占有はますます拡大化し、牧草地は次第に縮小していった。そのうえ、炭鉱に携わる労働者も増え続け、彼らの中には牧草地を開墾し、農業や野菜栽培を行う者まで現れるようになった。このような結果、牧民との対立は一層激しくなったのである。ホーリンゴルの牧草地は中国の中でも数少ない優良な牧草地であり、モンゴル牧民が生活を営んでいくうえで欠くことのできない重要な場所である。ところが、その真ん中で炭鉱開発を行い始め、しかも都市まで建設する計画まで持ち上がった。このことは、多くの人々、特に大勢のモンゴル族の注目を集めていたことは言うまでもない。

その一例としてモンゴル族知識人の動向を紹介する。1980年に内モンゴル自治区政府所在地であるフフホト市（呼和浩特）において開催された内モンゴル自治区民族研究学会でホーリンゴル市の建設問題が取り上げられた。胡耀邦を中心に行われていた民族政策見直しの影響もあって、少数民族知識人の多くがこの時期に比較的自由に議論できるようになっていた。本学会でも「四つの現代化」や民族の自主権問題が議論された。その中でチンダモニ（欽達木尼）はモンゴル族の特徴及び現代化問題を中心に議論を展開し、事例としてホーリンゴル市の建設問題を取り上げた。そこで彼はホーリンゴル地域の周辺はもともとモンゴル族が集中的に居住していた場所で、漢民族移民のものではなく、したがって、モンゴル民族化した炭鉱都市の建設を行うべきだ、と主張した。それにより、民族工業、民族の都市が形成され、民族の経済や文化の発展にもつながる、とも述べた[142]。

このように、ホーリンゴル炭鉱の開発については当該地域だけではなく、学術界でも議論が広がりをみせていたのだ。チンダモニの発言は、漢族が中心となって行われているホーリンゴル炭鉱に対して危機感を抱いていたために行われたものであろう。第2章で述べたように、これまでは1976年にホーリンゴル炭鉱側の要請に応じ、ジリム盟が10名のモンゴル族幹部を炭鉱に派遣した程度しか、炭鉱とモンゴル族との関わりはなかった。しかし、1980年代初頭、牧民による訴訟沙汰やチンダモニの発言に代表される学術界などの世論の高まりから、ホーリンゴル炭鉱はジャロード旗北部のウランハダ・ソム、ゲルチル・ソム、バヤルトホショー鎮からそれぞれ50名、計150名のモンゴル族労働者を雇ったのだという[143]。

ホーリンゴル炭鉱の開発問題は1980年の全国人民代表大会の小組討論会にも取り上げられた。ジリム盟の副書記を務めた経歴を持つ雲曙碧[144]は内モンゴル自治区の代表として討論会に出席し、民族自治地区において自主権を尊重する必要性を訴え、国家石炭部によるホーリンゴル炭鉱開発の問題を取り上げた。雲曙碧はホーリンゴル炭鉱の開発により、牧民の80万頭の家畜が牧草地から追い出され、しかも炭鉱側は牧民たちには一切の断りもなく牧草地を占有して補償金もまったく出していないという事実を指摘した。さらに、炭鉱開発を行っている解放軍は開墾を行い、広大な面積の牧草地を破壊し、牧民の生活や牧畜業に甚大な影響を与えているとも述べている[145]。この内容は1980年9月5日の『人民日報』に載せられ、広く注目を集めた。

ところが、雲曙碧への反論として、ホーリンゴル炭鉱所属の朱義先など6名が同じ『人民日報』(1980年10月9日)に意見を寄稿した。彼らは雲曙碧の指摘は事実に反していると言い、ジャロード旗北部ウランハダ公社、ゲルチル公社、バヤルトホショー公社の家畜の総頭数は80万頭に達してなく、また、ホーリンゴル炭鉱を開発して以降、国家石炭部とホーリンゴル炭鉱区のいずれも80万頭の家畜を牧草地から追い出すような決定を下しておらず、まったく逆に、この3つの公社に牧草地の補償金も出しており、牧民の家畜も依然として炭鉱の周辺で放牧されていて、補償金は国家の規定どおり、1980年8月まで合計で160万元を出しており、徴用された牧草地面積は23,773ムーになる、と述べた[146]。

この『人民日報』紙上におけるホーリンゴル炭鉱に関する議論では、雲曙碧への批判はジャロード旗全体の家畜総頭数に関することが中心となっている。ただし、ジャロード旗北部地域の家畜、牧草地そして牧畜業が大打撃を受けていたことは事実であろう。雲曙碧は1980年4月までジリム盟の副書記を務めていて、ホーリンゴル炭鉱開発指揮部はジリム盟に所属しており、彼女が朱義先などに指摘されたような事実を知らないのは不自然なことである。また、牧草地の補償金についても、今のところ牧民に支払われた事実を確認することもできていない。

なお、確かに牧民の家畜を牧草地から追い出す規定はなく、むしろ牧民の家畜は炭鉱周辺において放牧してもよいという規定があったようだ[147]。しかし、この規定は牧民の反発を抑えるための形式的なものに過ぎず、牧民の家畜を炭鉱周辺で放牧すると炭鉱に携わる人々によって追い出されてしまうというのが実情であった[148]。さらに、炭鉱業者によって徴用された牧草地面積は23,773ムーとされているが、実はそれを遥かに上回る広大な面積の牧草地が占有されていたのである[149]。つまり、ホーリンゴル炭鉱に所属する朱義先など6名による寄稿は国家石炭部のホーリンゴル炭鉱開発を正当化するために用いられた記事にほかならないと言えよう。

では、ホーリンゴル炭鉱の徴用した牧草地面積は実際にはどのぐらいになるのだろうか。そのことをジャロード旗に残されている「文件資料」から見てみたい。1982年の「扎政発[150]」(1982) 99号文件では第1回のホーリンゴル炭鉱の占有した牧草地面積を180万ムーであると記している。その後ホーリンゴル炭鉱の占有面積がさらに増え、「扎政発」(1984) 258号文件によると1984年までに炭鉱の占有牧草地面積が209.4万ムー以上になったという。つまり、この2年間で炭鉱側の占有牧草地面積が30万ムー弱も増えているのだ。しかも、その中に炭鉱区や地方弁公室の関係者個人によって開墾した3,000ムー余りの牧草地は含まれていない。また、その中のゴルバンノール(三泡子)と呼ばれる地域より南の計33.6万ムー牧草地を第三鉱区としていたがしばらく開発を行わないとされたものの、それ以外の牧草地には補償金を出すように求めている。このような事情があり、1984年に再度1982年に占有された180万ムー牧草地に補償金を出すよう国家石炭部に請求している[151]。

ホーリンゴルの牧草地は植物の種類が多く、草の質量もよいため、1ムー牧草地の1年間の平均生産量を500斤(250キロ)とすることを、ジャロード旗政府は例年の資料に基づいて決めた。そして、1斤(0.5キロ)牧草の有効性を4%として計算し、それに基づき1ムー牧草地の1年間の平均生産額を20元と定めた。当時の牧草地補償金の算出方法は「内政発[152]」(1984) 65号文件に示した「内モンゴル自治区国家建設徴用土地実施方法」の第5条の第一項の「徴用された1ムー牧草地の補償基準は当該地域の1ムー牧草地の年間平均生産額の5倍とする」規定によるものだ。このように計算すると、1ムー当たり牧草地の補償金は100元になる。それを1982年にホーリンゴル炭鉱が徴用した180万ムー規模の牧草地で計算すると補償金は1億8千万元となる。さらに、その「内政発」(1984) 65号文件に示した「内モンゴル自治区国家建設徴用土地実施方法」の第6条の第二項に「1ムー牧草地を徴用する際、それに伴う移転費は当該地域の1ムー牧草地の年間平均生産額の3倍である」と定めている。この規定に基づき計算すると、1ムー当たり牧草地の移転費は60元で、これを1982年にホーリンゴル炭鉱が徴用した牧草地面積で考えると1億8百万元になる。つまり、牧草地の補償金や移転費を合計すると2億8千8百万元が必要となる[153]。

以上のデータは、ジャロード旗政府が国家石炭部に宛てた、ホーリンゴル鉱区が徴用した牧草地やその補償金に関する報告によるものである。つまり、ジャロード旗政府が国家石炭部に要求した、ホーリンゴル炭鉱やそれに携わっている人々に占有された牧草地に関する補償額であると想定できる。ところが実際、1978 年以来国家石炭部がジャロード旗政府に支給した牧草地補償金は 1985 年末までに 1,020 万元のみであり[154]、この額では必要とされた補償金総額 2 億 8 千 8 百万元に遠く及ばない。1985 年以降、毎年 200 万元のペースで牧草地補償金を支給するようになったという話もあるが、そのことを裏付ける確たる証拠は現状では確認できていない。

一方で 1984 年までホーリンゴル炭鉱が徴用した牧草地面積は、現在のホーリンゴル市の面積 585 キロ（877,500 ムー）の 2 倍になっている。つまり、補償金問題は未解決のままであるにもかかわらず、ホーリンゴル炭鉱は牧草地の占有を拡大し続けたのだった。もちろん、モンゴル牧民に対する説明や話し合いなどは一切行われていない。

さて、上述のように国家石炭部は、牧草地の補償金をジャロード旗政府に十分に支給しないまま、「鉱区と牧区を同時に建設しよう。そうすれば一石二鳥である」（鉱区和牧区同時建設、両不誤[155]）というスローガンまで打ち出した。このスローガンはホーリンゴル炭鉱開発を順調に進めるために打ち出したものと考えてよいだろう。

ジャロード旗政府は、牧草地が縮小し牧畜業が衰退していく現実を前にして、ホーリンゴル炭鉱に対する独自の対策を検討し始めた。そのためジャロード旗政府は牧区建設領導小組を立ち上げ、牧草地の補償金の使い道について議論を行った。この議論を踏まえ、ジャロード旗政府幹部らは牧畜地域において、現地調査を進める傍ら牧民と座談会を開くなどした。そして、ジャロード旗政府はホーリンゴル炭鉱開発による影響を最小限に抑えるため、行政再編を行うことにしたのだった。つまり、ジャロード旗北部の 4 つの牧畜地域の牧民が移動放牧を行っていた牧草地に「新居民点」（村）を新設することを決め、将来的に牧畜業生産基地を建設する計画まで立てたのである。

「新居民点」の建設は、４つの牧畜ソム・鎮において現在の村を基礎に幾つかの新村を増設して比較的に大きい村の牧民を移住させることである。「新居民点」における牧民の家や家畜小屋の建設と、同時に「新居民点」を含めた４つの牧畜ソム・鎮の全体において学校と公共施設（商店、医療所など）、橋、家畜小屋、草入れ、家畜消毒施設、米加工場などを、重点的に建設するとした。

「新居民点」建設プロジェクトは最重要かつ長期に渡る事業として位置づけられ、旗政府に領導小組が組織され、頻繁に議論が行われた。またこの「新居民点」建設プロジェクトを進めるために、1982年頃に「牧区建設弁公室」（事務室）も設置された。「牧区建設弁公室」は主にホーリンゴル炭鉱からの補償金、そして「新居民点」建設の計画、予算運営などを担当した。牧区建設事務室は「新居民点」建設プロジェクトが終了した1993年頃まで存在していたが、その後解体され牧畜局や農業局に統合された[156]。

この「新居民点」建設プロジェクトでは、まず最初にバヤルトホショー鎮、ゲルチル・ソム、ウランハダ・ソムからそれぞれ１つの村を選定して、「新居民点」を建設することになった。同時にホーリンゴル炭鉱以南の牧草地を有効に利用・管理するため、それぞれの牧草地とホーリンゴル炭鉱の境界線付近に夏営地弁公室を建設して、牧草地の管理を行うことを決めた。つまり、まず３つの新居民点を建設して、それをモデルケースとし、その後徐々に拡大化していく方針であった。そして、夏営地弁公室の建設が急がれたのは、ホーリンゴル炭鉱の開発に対するジャロード旗政府の強い警戒感の現れであり、炭鉱開発による更なる牧草地の占有を防ごうとした対抗措置にほかならない。

この頃すでに、ホーリンゴル炭鉱に広大な牧草地が徴用され、ジャロード旗北部の４つのソム・鎮のモンゴル牧民は移動放牧ができなくなっていた。したがって、ゲルチル・ソムを除くジャロード旗北部のバヤルトホショー鎮、ウランハダ・ソム、バヤンボラガ・ソムの牧民は定住化せざるを得なくなった。このような人口や家畜の集中は牧草地に過度な負荷を増大化させ、砂漠化を招き、しかもモンゴル人にとって伝統的生業である「遊牧文化」の衰退を意味するものである。こうしたことを踏まえ、ジャロード旗政府は「新居民点」の数を増やし、牧草地の有効管理や牧畜業の回復に努めた。そして、新居民点における戸数に関しても15～20戸を目安とし、最大でも30戸と制限されていた[157]。

本来、遊牧民であったモンゴル人たちは、土地を所有するという観念を持たなかった。ところが彼らは、炭鉱都市の建設のために牧草地を奪われることで、土地所有観念を強く意識し始めたのである。そこで、彼らは敢えて鉱山の近くに「定住」することで、土地の囲い込みを始めたのだ。これは牧民たちが資源開発による牧草地の破壊と縮小を恐れた結果であると言えよう。そして、「新居民点」の数を増やし形成された新たなソムがアルクンドレン・ソムである。では、次にアルクンドレン・ソムの形成過程を見てみよう。

2–2　アルクンドレン・ソムの形成

ホーリンゴル炭鉱の開発が本格化し、1981年には年間生産量が300万トン規模の南露天鉱が着工された。こうした中、ホーリンゴル炭鉱における行政の組織化も行われるようになり、1982年にジリム盟（現通遼市）党委員会はホーリンゴル市を設置する準備組織として「霍林郭勒弁事処」を開設した。それに伴って、炭鉱労働者や炭鉱に携わる人々はますます増加していく。さらに、炭鉱開発以外にも野菜や農産物を栽培する人が現れ、彼らは優良な牧草地を開墾し、これがさらなる占有面積の拡大化にもつながっていった。

ホーリンゴル炭鉱の開発により、ジャロード旗北部の4つの牧畜地域のかなりの牧草地が占有されることになった。その中にはゲルチル・ソム[158]の夏営地の大部分、バヤンボラガ・ソムの夏営地の全域、そしてバヤルトホショー鎮やウランハダ・ソムの夏営地のほぼ全域が含まれていた。

このことにより、ゲルチル・ソムを除く3つの地域における牧畜業は完全に定住型と化したと言ってよい。このような牧草地の占有による定住化は、牧民の生活に大きな打撃を与える。1980年代初頭まで四季の変化に合わせ、草の状況を意識しながら営んできた移動放牧は、不可能に近いものになった。遊牧の伝統を生かし、厳しい自然環境に配慮しながら暮らしてきた牧民から見れば、牧草地から追い出されて定住放牧を行わざるを得ず、さらにその結果草原の砂漠化を招いてしまったことは、忸怩たる思いであったことだろう。そしてこれらのことは、単に彼らの気持ちの問題だけではなく、彼らの生業である牧畜業を圧迫することにもなる。つまり、定住化や牧草地の縮小により冬営地にある村に人口や家畜頭数が集中することになり、ジャロード旗北部地域のモンゴル人の地域社会は、ホーリンゴル炭鉱の開発により大きく変容させられたのであった。

ホーリンゴル炭鉱の開発はジャロード旗北部地域に暮らす牧民の日常生活にも大きな影響を与えた。たとえば、ホーリンゴル地域で毎年のように行われていた夏の伝統行事であるナーダム祭は、1973年以降中止されることになった。また大規模な牧草地の占有により、家畜を放牧する牧草地が狭小化しただけではなく、牧民のナマク・タリヤ農耕を行う場所もなくなり、伝統的な農法もその姿をほとんど消してしまうことになった。さらに、ホーリンゴル炭鉱開発による自然環境の破壊や人口増加の影響で、山林や草原に生息していた野生動物がだんだん減り、モンゴル族による狩猟もほとんど見られなくなっていった。

このようなホーリンゴル炭鉱の拡大化や牧畜業の衰退への対策として、ジャロード旗政府は1984年にアルクンドレン・ソムという行政機構の建設を決めた、と考えられる。アルクンドレン・ソムの設置は、ジャロード旗政府が進める「新居民点」プロジェクトの重要な事項の1つである。アルクンドレン・ソムの設置と同時にソムの下に10個の「新居民点」を設置し、ジャロード旗北部のバヤンボラガ・ソムを除く3つのソム・鎮の牧民を移住させた。この10個の「新居民点」は、4つの牧畜地域とホーリンゴル地域の間に配置された。そして、その3つのソム・鎮の村の中からホーリンゴル地域に牧草地を有し、人口や家畜頭数が比較的に多い村が、移住させる村に選ばれた。

表3–4は1984年にアルクンドレン・ソムに配置された各村の基本状況を示したものである。表3–4から分かるように、アルクンドレン・ソムの設立によって、バヤルトホショー鎮、ゲルチル・ソムとウランハダ・

ソムなどから概ね218世帯の牧民が本来、彼らの夏営地であったホーリンゴル市周辺に移住して、10程度の村に分かれて定住生活を始めたのである（図3–3を参照）。定住先である各村に、ジャロード旗政府はホーリンゴル炭鉱からの補償金を使って、家屋や家畜小屋などを完備させたという。さらには、各村において小学校が建てられた。

表3–4　アルクンドレン・ソムに配置された各村の基本状況（1984年）

村名	戸数	人口（人）	牧草地面積（ムー）	牛（頭）	馬（頭）	ヤギ（頭）	羊（頭）
ホイトサラー	20	82	300,000	401	89	636	1,703
サチラルト	19	108	140,000	476	80	562	2,073
エムネアチラント	26	146	130,000	868	127	1,400	2,029
バラゴンバヤンチャガン	20	133	160,000	408	74	920	1,035
ジェグンバヤンチャガン	20	116	150,000	734	140	1,449	3,228
アムゴラン	23	153	160,000	335	98	1,618	3,319
チャガンチロート	22	133	100,000	469	151	1,058	1,441
バヤンゴル	20	130	160,000	337	95	744	2,012
ゲルト	24	130	130,000	516	105	782	2,083
サルーラ	24	144	150,000	490	114	729	2,316
合計	218	1,280	1,580,000	5,034	1,073	9,898	21,239

出典：内蒙古自治区扎魯特旗档案館所蔵「アルクンドレン・ソム」全宗号（108）、目録号（1）、案巻号（8）、分類号（8）。

バヤルトホショー公社には、1981年の時点でエムネサラー（南薩拉）生産大隊とホイトサラー（北薩拉）生産大隊があった（表3–3を参照）。ここで、2つの生産大隊の起源を説明したい。この2つの生産大隊が誕生する前に、サラー生産大隊と呼ばれるものがあった。このサラー生産大隊に、1960年代の「三年災害[159]」の影響を受け、通遼市の南部にあるフレー(庫倫)旗から31戸のチャガーチン(モンゴル族移民)が入ってきたという。ところが、チャガーチンの殆どが農耕民であった。そのため牧畜を行ってきた以前からのサラー生産大隊の構成員、つまりサラー村の人々と移民であるチャガーチンとの間に経済的利害対立が生じるようになった。また、チャガーチンたちの移住によって村の戸数が増え、村が膨らみ過ぎだと判断された。そこで1972年、サラー村の牧民は本来、移動放牧を行っていた牧草地に移動して別の生産大隊を形成したという。それがホイトサラー生産大隊である。そして、もともとの移民のチャガーチンが居住するサラー生産大隊がエムネサラー生産大隊と呼ばれることになった。

図 3–3　アルクンドレン・ソムの形成

注：A1 はチャガンチロート（査干楚魯図）村、A2 はゲレト（格日図）村、A3 はバラゴン・バヤンチャガン（西巴音査干）村、A4 はサチラルト（薩其日拉）村、A5 はホイトサラー（北薩拉）村、A6 はバヤンゴル（巴彦郭勒）村、A7 はアムゴラン（阿木古楞）村、A8 はジェグン・バヤンチャガン（東巴音査干）村、A9 はエムネアチラント（南阿西楞図）村、A10 はサルーラ（薩茹拉）村である。

さて、アルクンドレン・ソムの設置により、ホイトサラー生産大隊が解体され、ホイトサラー村とサチラルト村という2つの村に再編された（図3–4を参照）。ホイトサラー村に20世帯、サチラルト村に19世帯を移住させた。聞き取り調査によると、1980年代初頭、もともとの場所であるホイトサラー村の家畜頭数が年々増加し、ジャロード旗の中でも家畜頭数が比較的に多い村に数えられていたという。

図3–4　ジャロード旗北部アルクンドレン・ソムの形成

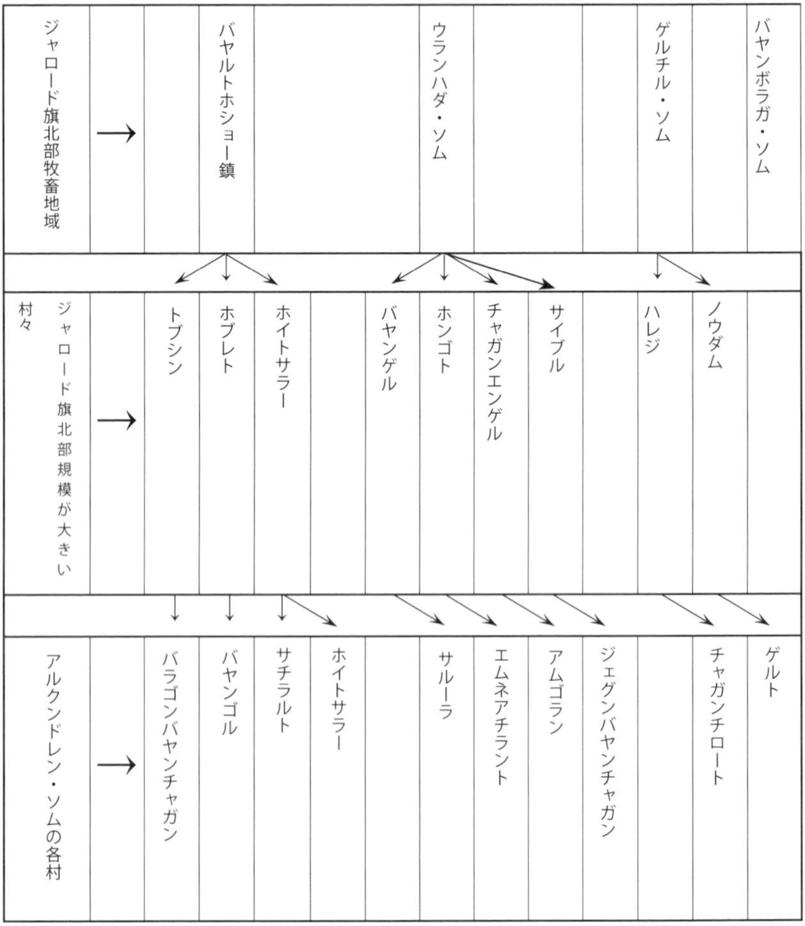

ジャロード旗北部牧畜地域	→		バヤルトホショー鎮				ウランハダ・ソム				ゲルチル・ソム		バヤンボラガ・ソム
村々 ジャロード旗北部規模が大きい	→	トブシン	ホブレト	ホイトサラー		バヤンゲル	ホンゴト	チャガンエンゲル	サイブル		ハレジ	ノウダム	
アルクンドレン・ソムの各村	→	バラゴンバヤンチャガン	バヤンゴル	サチラルト	ホイトサラー		サルーラ	エムネアチラント	アムゴラン	ジェグンバヤンチャガン		チャガンチロート	ゲルト

出典：聞き取り調査に基づき筆者作成。

エムネアチラント（南阿西楞図）村は、もともとウランハダ・ソムのホンゴト（黄賀図）村の住民によってつくられた村である（図3–4を参照）。形成当時エムネアチラント村の人口は146人で、しかも相当数の家畜を有していたことが表3–4から分かる。また比較的に広大な牧草地を有するが、耕地面積が提示されていないことから農業を行っていなかったと考えられる。

バラゴン・バヤンチャガン（西巴音査干）村はバヤルトホショー鎮のトブシン（図布信）村から由来している（図3–4を参照）。トブシン村の戸数が95戸に達しており、牧民から見ればバラゴン・バヤンチャガン村を形成して一部の牧民を移住させる必要があった。そして、アルクンドレン・ソムの設立に伴い、20戸の牧民を牧草地に移住させた。それがバラゴン・バヤンチャガン村である。

ジェグン・バヤンチャガン（東巴音査干）村はアルクンドレン・ソムの設立によって、ウランハダ・ソムのサイブル（賽布爾）村から本来の牧草地に移住して形成された。サイブル村は戸数があまり多くないが家畜頭数が比較的に多いので移住の対象となったと考えられる（表3–3を参照）。そして、20戸の牧民がジェグン・バヤンチャガン村に移住し、家畜頭数も比較的に多いことを表3–4から見て取れる。

アムゴラン（阿木古楞）村は、もともとウランハダ・ソムのチャガンエンゲル（査干恩格爾）村の住民によってつくられた村である。チャガンエンゲル村は、ジャロード旗北部地域における各村の中に家畜頭数でトップにあった（表3–3を参照）。そして、チャガンエンゲル村から1984年に23戸が牧草地に移住してアムゴラン村が形成された。このアムゴラン村は、ジャロード旗政府が実施した「新居民点」プロジェクトの最初の3つの拠点の1つであり、これをモデルケースとして「新居民点」が拡大化していったのであった。それを踏まえ、「新居民点」プロジェクトを行ううえで、移住させる村の選定は家畜頭数が多いことが1つの条件になったと言えるだろう。表3–4から分かるように、アムゴラン村の家畜頭数も比較的に多い。

チャガンチロート（査干楚魯図）村は、ゲルチル・ソムのハレジ（哈日吉）

村の牧民が本来の牧草地に移住して形成された。ハレジ村の人口や家畜頭数は比較的に多い（表3–3を参照)。チャガンチロート村の戸数は22戸で人口は133人である。移住の原因について、ハレジ村で長年書記を務めた方が、次のように述べている。「ホーリンゴル炭鉱は、ハレジ村のホーリンゴル地域にあった6万ムー規模の優良な牧草地を占有してしまった。それによりハレジ村の牧草地が足りなくなり、そしてアルクンドレンの牧草地に22戸を移住させ、アルクンドレンにあった牧草地をチャガンチロート村に与えた[160]」。つまり、ホーリンゴル炭鉱の開発がチャガンチロート村形成の大きな要因になっていると言える。

バヤンゴル（巴彦郭勒）村は、バヤルトホショー鎮ホブレト（浩布勒図）村から20戸、130人がその牧草地に移住して形成された。バヤンゴル村の住民の出身村であるホブレト村は、人口や家畜頭数がともに多いのである（表3–3を参照)。

ゲレト（格日図）村は、ゲルチル・ソムのノウダム（敖都木）村から24戸の牧民が本来の牧草地に移住して形成された。ノウダム村の戸数は100戸を超えており、家畜頭数も多い（表3–3を参照)。

サルーラ（薩茹拉）村は、ウランハダ・ソムのバヤンゲル（白音格爾）村の住民によって作られた村である。アルクンドレン・ソムの設立によって、バヤンゲル村から24戸の144人がその牧草地に移住した。バヤンゲル村の人口や家畜頭数が多くはないが、アルクンドレン地域に牧草地を有していたと考えられる。

以上述べてきたように、1984年、ジャロード旗北部地域にアルクンドレン・ソムが設置された。この新たなソムは、ジャロード旗北部の人口や家畜頭数が比較的に多い村の牧民を、本来の牧草地に移住させて新たに定住村を建設したことによって誕生したものだった。また移住する以前の村は、ホーリンゴル地域、そしてアルクンドレン地域に広大な牧草地を有しており、ホーリンゴル炭鉱に多くの牧草地を占有されている。つまり、アルクンドレン・ソムの形成は、ホーリンゴル炭鉱の開発と密接に関連しているのだ。言い換えれば、アルクンドレン・ソムの形成は、牧草地の狭小化による牧畜業の衰退を防ぐ以外に、牧草地の更なる占有を抑える措置でもある、と見ることもできる。

さて、1980年以前のホーリンゴル炭鉱と牧民の関係をゲルチル・ソムのハレジ村の書記が手書きで記した未出版の村の歴史の中に、次のように書かれている。

> 「1970年代から、国はホーリンゴル地域で石炭を掘り始めた。そしてそれに携わる人々がわが村の牧草地を占有してしまった。そのため、牧民は家畜を囲い込むようになり、これまでの放牧が行えないようになっている。そのうえ、炭鉱に関わる人々は家畜を追い払ったり、傷つけるなどし、牧民との対立はますます激化している。この紛争をソム政府や旗政府は解決できずにいる。炭鉱労働者は日に日に増え、彼らが占有してしまう牧草地もますます拡大しており、これは双方の経済に打撃を与えかねない。このような状況は1980年まで続いている[61]」(訳 包宝柱)。

要するに、1980年代初頭にジャロード旗北部のモンゴル牧民や炭鉱に携わる人々の間には差し迫った緊張状況が続いていたのである。そこでジャロード旗政府は、牧民の利益のために牧草地を保護する措置を取らなければならなかった。それがアルクンドレン・ソムの設置と夏営地弁公室の建設である。先にも述べたように、ジャロード旗政府の「新居民点」プロジェクトの中で、夏営地弁公室の建設を最優先にしたことからも夏営地弁公室の建設の重要性がうかがえる。

2-3　ホーリンゴル・ソムの形成

ホーリンゴル炭鉱の開発により、炭鉱都市ホーリンゴル市が1985年に設立される。また時同じくして、ジャロード旗北部地域に同年、ホーリンゴル・ソムという行政単位が新たに設立された。すなわち、この地域には「ホーリンゴル市」と「ホーリンゴル・ソム」という同名の行政単位が誕生することになったのだ。漢民族移民によって築かれた炭鉱都市「ホーリンゴル市」の隣に、ジャロード旗政府が敢えて同じ名前の「ホーリンゴル・

ソム」を設立したことは、大変象徴的な出来事である。

表3–5はホーリンゴル・ソム各村の基本状況を示したものである。表3–5に示したように9つの村がホーリンゴル・ソムに配置された。それにより、ジャロード旗北部のバヤルトホショー鎮、ゲルチル・ソムとウランハダ・ソムやジャロード旗南部のバヤンマンハ・ソム（巴彦芒哈・蘇木）、ウレジムレン・ソム（烏力吉木仁・蘇木）などから300戸を超える世帯の人々が、ホーリンゴル地域に移住して、9つの定住村が設置された（図3–5を参照）。そして、それらの村がジャロート旗ホーリンゴル・ソムを形成することになった。

ホーリンゴル・ソムの設置により、バヤルトホショー鎮のホイトサラー生産大隊が解体され、7戸の牧民が本来の夏営地であったホーリンゴル地域に移住して、メンギルト（明格爾図）村を形成した（図3–6を参照）。移住の牧民世帯が7戸というのは、ジャロード旗政府の「新居民点」プロジェクトの規準15～20戸を遥かに下回るもので、牧民がホーリンゴル地域に移住して完全に定住することに抵抗があったのかもしれない。ちなみに、ホーリンゴル・ソムの政府所在地であったメンギルト・ガチャー（明格爾図・嘎査）は、ちょうどホーリンゴル市とジャロード旗の境界に位置し、ホーリンゴル南露天鉱と隣接している。

ハラガート（哈拉嘎図）村は、ゲルチル・ソムのハダンアイル（哈達艾里）から15戸の牧民がその牧草地に移住して形成された。ハダンアイルの家畜頭数があまり多くないが、戸数は比較的に多い。また、この村はホーリンゴル地域に牧草地を有していた。

ウンドルデンジ（温都爾登吉）村は、バヤルトホショー鎮のウンドルハダ（温都爾哈達）村の10戸の牧民が本来の牧草地に移住して形成された。ウンドルハダ村の人々が移住した1980年代中頃、現在のウンドルデンジ村の範囲を含め、広大な面積の牧草地が炭鉱に携わる人々の農地であったという。つまり、何の断りもなく牧草地に入ってきた炭鉱に携わる人々を追い出し、ウンドルデンジ村を建設したことになる。これは牧草地を確保する上で有効な対策でもあった。

ナランボラガ（那仁宝力皋）村は、バヤルトホショー鎮管轄下のドルベ

表 3–5　ホーリンゴル・ソムの各村の基本状況

村名	戸数	人口（人）	牧草地面積（ムー）	家畜頭数（頭）
メンギルト	7	31	130,000	1853
ハラガート	15	?	?	?
ウンドルデンジ	10	54	100,000	714
ナランボラガ	20	85	120,000	1,708
バヤンオボート	12	71	150,000	2,375
ハリソタイ	15	?	?	?
ウレムジ	57	291	150,000	183
ホイトアチラント	70	374	250,000	—
ハラニール	98	521	140,000	179
合計	304	1,427	1040,000	7,012

出典：内蒙古自治区地名委員会編（1990）などと聞き取り調査により筆者作成。

レジ（都日布力吉）村の牧民がホーリンゴル地域に移住して形成された。ナランボラガ村の住民の出身村であるドルベレジ村の戸数は 100 戸を超えており、家畜頭数も比較的に多い（表 3–3 を参照）。そして、ドルベレジ村の 20 戸の牧民がその牧草地に移住して定住生活を送るようになったことが表 3–5 から分かる。それがナランボラガ村である。

バヤンオボート（巴音敖包図）村は、ウランハダ・ソムのチャガンエンゲル村の住民によってつくられた村である。チャガンエンゲル村はジャロード旗北部地域における各村の中で家畜頭数がトップである（表 3–3 を参照）。チャガンエンゲル村から 1986 年に 12 戸が牧草地に移住してバヤンオボート村を形成した。以上のことから、「新居民点」プロジェクトにおいて、どの村を移住対象として選定するかは、家畜頭数が多いことが条件の 1 つであったのであろう。

ハリソタイ（海勒斯台）村は、ホーリンゴル・ソムの設立によって、ウランハダ・ソムのサイブル村から本来の牧草地に移住して形成された。サイブル村は、戸数があまり多くないが家畜頭数が比較的に多いので移住の対象となったことが考えられる（表 3–3 を参照）。そして、15 戸の牧民がハリソタイ村に移住して定住生活を送るようになった。

ジャロード旗東南部に位置するバヤンマンハ・ソムから 1983 年に 57 戸のモンゴル族がホーリンゴル地域に移住した。そして、1985 年にホーリンゴル・ソムの所属となり、ウレムジ（烏力木吉）村を形成した。バヤンマンハ地域は、毎年のように干ばつが起こり、農作物の栽培がほとんど

図 3–5　ホーリンゴル・ソムの形成 (1985)

注：B1 はハラガート（哈拉嘎図）村、B2 はメンギルト（明格爾図）村、B3 はウンドルデンジ（温都爾登吉）村、B4 はナランボラガ（那仁宝力皋）村、BN はバヤンオボート（巴音敖包図）村、B5 はハリソタイ（海勒斯台）村、B6 はウレムジ（烏力木吉）村、B7 はハラニール（哈日奴拉）村、B8 はホイトアチラント（亥太阿斯冷）村である。

行うことができないため、ジャロード旗政府によってホーリンゴル地域に移住させてもらったという。しかし、ホーリンゴル地域では土地紛争が激

図 3–6　ジャロード旗北部ホーリンゴル・ソムの形成

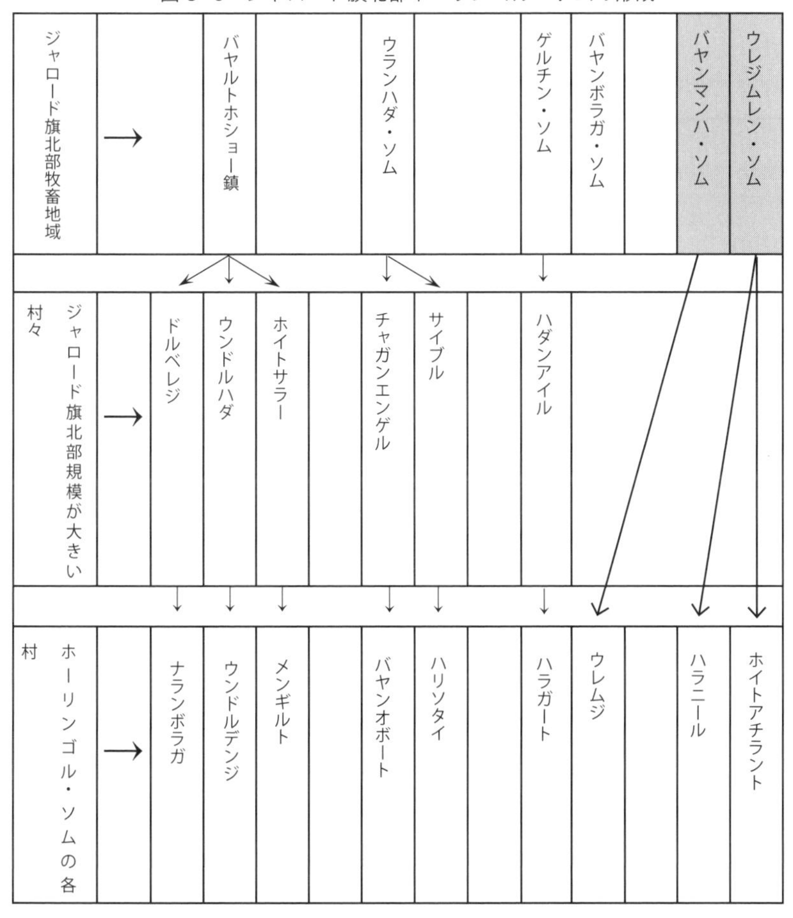

出典：聞き取り調査に基づき筆者作成。
注：バヤンマンハ・ソムとウレジムレン・ソムはジャロード旗南部にあるジャロード旗管轄のソムであるが、ジャロード旗北部地域に含まれない。

しく、安定した生活はできなかったそうだ。あるいは、ジャロード旗政府によって土地を守るために移住させたとも言われている[162]。

ホイトアチラント（亥太阿斯冷）村とハラニール（哈日奴拉）村は、ジャロード旗南部のウレジムレン・ソム所属の立新村の人々を移住させて形成された。1985年7月に日々降り続けた大雨で、ウレジムレン河の水が溢れだし、8月1日に立新村を襲い村は水浸しとなった。そのため、全村の住民が避難生活を送らざるを得なくなった。こうした中、ジャロード旗政府は村人をホーリンゴル地域に移住させ、ホイトアチラントとハラニ—ルという2つの村に分けて居住させることにした[163]。それにより、表3–5に示したように両村合わせて168戸の895人（ただしすべて漢族）がホーリンゴル地域に移住して生活を送るようになった[164]。そのため、ジャロード旗政府は北部の牧畜ソム・鎮の390,000ムーの牧草地を両村に与えた。

聞き取り調査によると、ジャロード旗政府は立新村の人々をホーリンゴル炭鉱に野菜を植えて提供する名目でホーリンゴル地域に移住させたという。そのため、ここは開墾によって農業が行なわれている。ただし、地元の人々によると、ホイトアチラント村とハラニール村の設置の本当の目的は、地元の人々によるとジャロード旗と隣接する興安盟ホルチン右翼中旗との土地紛争に対する対策であったとも言われている。つまり、両旗の間では従来から土地紛争が頻繁に起こっていた。さらにホーリンゴル炭鉱の開発により、広大な地域が占有され、旗の住民たちが使用できる土地が限られるようになってしまった。このことにより、両旗の土地紛争がさらに激しくなった。そして、その対策として、漢族が暮らす2つの村が形成されることになった。

以上見てきたように、ジャロード旗政府はジャロード旗の複数の地域から多くの人々を移住させてホーリンゴル・ソムを何とか形成したのだった。アルクンドレン・ソムとホーリンゴル・ソムの形成は、その移住する以前の村や規模など多くの面で異なる点が多い。アルクンドレン・ソムの設置は、ホーリンゴル炭鉱の開発で広大な牧草地が占有されたため、牧畜業を成長させ、しかも牧草地を守るための措置であった。それに対して、ホーリンゴル・ソムの形成は完全に境界を固め、牧草地を守るための措置だった。その要因として以下のようないくつかの点を挙げることができる。

まず、ホーリンゴル・ソムに属する各村の位置からも、本ソムの設置目的は牧草地の保護であると推測できる（図 3–5 を参照）。ホーリンゴル・ソムの各村は、ホーリンゴル市とジャロード旗、そして興安盟ホルチン右翼中旗とジャロード旗の境界線に近いところに位置している。ジャロード旗政府がホーリンゴル炭鉱から牧草地を守るために取った最初の対策は夏営地弁公室の設置である。しかし、夏営地弁公室の設置は牧草地を守るには大きな役割を果たせなかったようだ。その次に、ジャロード旗政府はジャロード旗北部地域の牧民を本来の牧草地に移住させて 10 個の村を設置し、アルクンドレン・ソムを形成させた。アルクンドレン・ソムは、ハンオーラ山を中心とした山々の南側に位置しており、牧民からみると定住して牧畜を営む限界地域にまで移住した。だが、ますます増え続けるホーリンゴル炭鉱に携わる人々による牧草地の占有を抑えることはできなかった。そこで新たな対策として、ジャロード旗政府が多くの人々を移住させることで、押し寄せていた人々を境界線の外に押し戻し、境界線付近に 9 つの村を形成させ、誕生したのがホーリンゴル・ソムである。

前述したように、ホーリンゴル・ソムの地理的自然環境は牧民から見ると定住して牧畜を営むことができるような地域ではない。この場所は、大興安嶺山脈の中腹、ハンオーラ山を中心とした山々の北側に位置し、ジャロード旗北部のバヤルトホショー鎮、ゲルチル・ソムとウランハダ・ソムやアルクンドレン・ソムなどよりも、一段と高い地域である。このような地形によりホーリンゴル地域は、冬は寒くて長く雪が多い気候である。このため、牧民たちはホーリンゴル地域を長年夏営地として利用してきたが、冬をホーリンゴル地域で過ごすことはほとんどなかったという。ホーリンゴル・ソムのメンギルト村に最初に移住してきたという 79 歳の老人は、ホーリンゴル地域に移住したことで関節痛などの病をわずらったと不満を口にし、仕方なく移住したという表情をあらわにしていた。以上を踏まえるとホーリンゴル・ソムを設置して、牧畜業の成長をはかることなどは到底考えられない。ホーリンゴル・ソムの設置の目的はほかでもなく防衛のためであったようにしか考えられない理由は、ここにある。

ただし、すべてジャロード旗政府の予定通りに、事が進んだわけではなかった。2011年の夏に行った現地調査によると、ホーリンゴル・ソムの設置は1985年であるが、村人の移住はその2年後まで延びていたという。さらに村に移住する予定者は15戸であったが、実際移住した世帯は15戸を下回っていたそうだ。モンゴル牧民たちは、ホーリンゴル地域に移住して生活を送ることに抵抗があったことが分かる。

おわりに

内モンゴル自治政府成立後、ジャロード旗北部地域は牧畜地域であったため、比較的緩やかな土地改革が行われた。その後、「互助組」と「合作社」そして「高級合作社」などが次々と設立され、政府による農業化政策が推し進められた。しかし、このような度重なる農業化政策の荒波にさらされたにもかかわらず、ジャロード旗北部地域は牧畜を堅持した。その背景には、この地域の自然環境が牧畜業に適した土地であったからだという理由がある。そのため、ジャロード旗北部地域の牧民は冬に生産大隊の中心が置かれている冬営地に定住しながらも、春から秋にかけて家畜を移動させて飼育する牧畜業を営むことができた。その移動放牧を支えたのが、ホーリンゴル地域の広大で優良な牧草地であった。ところが、このような移動放牧はしばらくすると、徐々に行うことができなくなっていく。その原因は、1970年代から採掘がはじまったホーリンゴル炭鉱による牧草地の占有だ。牧草地が狭められた結果、ジャロード旗北部にある4つのソム・鎮のうち、ゲルチル・ソムを除く3つの地域は定住化せざるを得なくなった。ホーリンゴル炭鉱の開発によって、この地域のモンゴル牧民の生活は大きな変容を迫られたのだ。そして、その後ホーリンゴル炭鉱の開発が本格化されると、炭鉱に携わる人は増え続け、占有する牧草地も日々拡大していった。

このような状況下で、ジャロード旗政府はモンゴル牧民たちの牧草地を守り、牧畜業を発展させる目的で行動を起こした。それが地方行政単位の再編であった。ジャロード旗政府がホーリンゴル炭鉱から牧草地を守るために行った最初の対策は、夏営地弁公室の設置である。しかし、夏営地弁公室の設置は牧草地を守るために大きな役割を果たせなかった。そこで、ジャロード旗政府がジャロード旗北部地域の牧民を本来の牧草地に移住させて10個の村を設立しアルクンドレン・ソムを形成させた。アルクンドレン・ソムは、ハンオーラ山を中心とした山々の南側に位置しており、牧民からみると定住して牧畜を営む限界地域に移住させられたと言えよう。だが、この対策をもってしてもますます増え続けるホーリンゴル炭鉱に携わる人々による牧草地の占有を抑えることができなかった。そこで、ジャロード旗政府が次に行ったことは、旗の境界付近に多くの人々を移住させることで、押し寄せていた人々を境界線の外に押し戻し、防波堤のように9個の村を設立させることだった。これがホーリンゴル・ソムである。

中国の少数民族地域における地下資源開発は、当該地域の住民生活や文化を無視して行われていることが多い。そのため、当該地域の人々は資源開発側に対して対抗措置を取らなければならない。それが、内モンゴルのホーリンゴル地域では、ホーリンゴル炭鉱開発に対する対抗措置として、ジャロード旗政府による行政再編という形で現れたのだ。これは、地方政府による地下資源開発に対する「抵抗」として大変興味深い現象である。

【註】

123. 生産大隊とは、中国の人民公社時代における人民公社——生産大隊——生産隊のいわゆる三級（所有）制の中間に置かれている行政・経済・社会的組織である。この組織の運営は管理委員会によって行われているが、基本的にもともとの村の範囲を中心に、生産活動の状況に応じて比較的に自由に編成されていた。生産隊は生産隊長など数人の幹部により率いられる農業や牧業生産組織であるが、公社、大隊の下部に位置する行政組織でもある。居住地は生産大隊や生産隊を単位とする定住形式を取っていた。

124. バガ（巴嘎）とはモンゴル語、隊の意である。清代において旗以下の末端単位で、10戸を1つのバガと呼ぶ。中華人民共和国建国後、内モンゴル自治区の牧畜地域において依然として通称バガという郷レベルの行政単位が使われていた。1954年以降、自然村をバガと呼ぶようになった。

125. 『人民日報』1980年9月5日。

126. 扎魯特旗志編纂委員会編（2010）3～6頁。

127. 扎魯特旗志編纂委員会編（2010）124頁。

128. 扎魯特旗志編纂委員会編（2010）672頁。

129. 松遼平原は中国東北部、大興安嶺と長白山の間に位置する中国最大級の平原である。その範囲に吉林省、遼寧省、黒龍江省や内モンゴル自治区の一部が含まれており、面積は35万平方キロメートルに達している。松遼平原は遼河、松花江と嫩江の堆積によって出来た平原だ。

130. ハンオーラ山の「ハンオーラ（han uula)」はモンゴル語であり、漢語で罕山と表記する。モンゴル地域ではその地域の一番高い山をハンオーラと称する。

131. 扎魯特旗志編纂委員会編（2010）3頁。

132. 扎魯特旗志編纂委員会編（2010）95～100頁。

133. 扎魯特旗志編纂委員会編（2001）28頁。

134. Bou・nasun (1993)425～426頁。

135. 遊牧と乾燥した気候の存在を前提にして、モンゴル牧民が行ってきた農耕のことであり、遊牧の防げにならないようにするために、手間と時間を極力省いた耕法である。漢語で漫撒子という。吉田順一（2007b）277頁。

136. 粘り気のないキビの一種で、遊牧民のモンゴル人が栽培していた作物である。モンゴル語でモンゴルまたはモンゴル・アムと言う。稷、黍、穈などと漢訳されている。吉田順一（2007b）283 頁。

137. 吉田順一（2007b）294 頁。

138. 内蒙古自治区扎魯特旗档案館所蔵「牧区建設弁公室」138（1985 年 1 月～ 1985 年 11 月）。

139. 漢語で「工作社」とも書く、人民公社時代における購買販売協同組合のことをいう。

140. 内蒙古自治区扎魯特旗档案館所蔵「牧区建設弁公室」139（1983 年 2 月～ 1983 年 11 月）1 頁。

141. 内蒙古自治区扎魯特旗档案館所蔵「牧区建設弁公室」138（1985 年 1 月～ 1985 年 11 月）。

142. 内蒙古自治区民族研究学会編（1980）41 ～ 42 頁。

143. 筆者がジャロード旗北部地域に行った聞き取り調査によるものである。

144. ウランフの娘であり、1958 年から哲里木盟（現通遼市）に転職し、1960 年から哲里木盟盟委副書記を務める。そして文化大革命により 1966 年から 1972 年までの間に迫害を受けたが、1972 年から復職し、1980 年 4 月まで哲里木盟盟委副書記兼副盟長を務めていた。その後、内モンゴルの区都であるフフホトに移って要職を歴任する。

145. 『人民日報』1980 年 9 月 5 日。

146. 『人民日報』1980 年 10 月 9 日。

147. 聞き取り調査では規定があったと聞いたが手に入れることができなかった。しかし、その後の「ホーリンゴル市の設立に関する通知」の中にもそのような規定がはっきりと書かれている。（霍林郭勒市志編纂委員会編（1996）452 ～ 453 頁。）

148. ジャロード旗北部地域で行われた聞き取り調査によるものである。

149. 内蒙古自治区扎魯特旗档案館所蔵「牧区建設弁公室」104（1982 ～ 1985 年）1 ～ 2 頁。

150. ジャロード旗政府が発行した「文件」を指している。

151. 内蒙古自治区扎魯特旗档案館所蔵「牧区建設弁公室」104（1982 ～ 1985 年）1 ～ 2 頁。

152. 内モンゴル自治区政府が発行した「文件」を指している。

153. 内蒙古自治区扎魯特旗档案館所蔵「牧区建設弁公室」104（1982 ～ 1985 年）2 ～ 3 頁。

154. 内蒙古自治区扎魯特旗档案館所蔵「牧区建設弁公室」55（1985 年 1 月～

1985年12月)。

155. 内蒙古自治区扎魯特旗档案館所蔵「牧区建設弁公室」139（1983年2月～1983年11月）1頁。

156. 扎魯特旗志編纂委員会（2001）147頁と筆者が現地で行われた聞き取り調査によるものである。

157. 内蒙古自治区扎魯特旗档案館所蔵「牧区建設弁公室」138（1982年2月～1985年11月）2頁。

158. ゲルチル・ソムはホーリンゴル炭鉱から多くの牧草地が徴用されたが、現在のホーリンゴル市の西部にある一部の牧草地が占有されなかった。そのため、ゲルチル・ソムには現在も移動放牧を行っている村が存在している。

159. 1959年から1961年に大躍進運動及び工業を重視し、農業を軽視する一連の経済政策の誤りにより全国的に食糧不足に陥り、結果的に多くの餓死者を出した3年間を指す。

160. ドブドンジャムソ　手書き『ハレジ村の歴史』28頁。

161. ドブドンジャムソ　手書き『ハレジ村の歴史』38頁。

162. 筆者が村人やジャロード旗北部地域で行った聞き取り調査によるものである。

163. 扎魯特旗志編纂委員会編（2001）42頁と筆者が現地で行われた聞き取り調査によるものである。

164. 内蒙古自治区扎魯特旗档案館所蔵「ホーリンゴル・ソム」の档案資料を参照。

第4章

炭鉱都市ホーリンゴル市の建設過程における地域社会の変貌
――ジャロード旗バヤンオボート村を中心に――

はじめに

近年、中華人民共和国で実施されている西部大開発政策により、内モンゴル自治区を含めたいわゆる「西部」と言われている地域では石炭などの地下資源開発が急ピッチで行われている。それにより、内モンゴルなどの少数民族地域では、伝統的な生活が大きく変化し、少数民族の村と、資源開発によって新たに誕生した資源都市という構図が形成されつつあると考えられる。このことは、従来まで伝統的な生業を営んできた少数民族社会が新たに誕生した都市社会と如何に関わりを持ちながら生きていくのか、というこれまでになかった新たな問題に直面するようになったことを意味する。そして、このような地下資源開発によって、少数民族の地域社会が崩壊或いは再編を強いられることも稀ではない。したがって、少数民族社会と資源開発の関係に対する客観的な分析、そして少数民族の村と資源都市という新しい社会構図を如何に描くかということが求められていると言えよう。

今日、少数民族地域で地下資源開発が行われている多くの場所は、もともと少数民族の人々が伝統的な生業を営んできた土地である。内モンゴルの場合、地下資源開発によって少数民族は牧草地から追い出され、そのうえ生業や生活様式なども大きく変容せざるを得ない状況に追い込まれた。このような変化にどう立ち向かっているのかについて、炭鉱都市ホーリンゴル市の建設過程で誕生したバヤンオボート（白音敖包図）という村落の事例を通じて検証していきたい。

ホーリンゴル炭鉱の開発は中華人民共和国建国後まもなく行われており、度重なる開発によって、その規模は次第に拡大されていき、1985年に炭鉱都市ホーリンゴル市が建設されることになった。ホーリンゴル地域の土地は、もともとジャロード旗北部地域のモンゴル牧民が移動放牧を行っていた牧草地であったが、炭鉱開発によってその面積が次第に縮小されていく。こうした状況の下、ジャロード旗政府が北部地域に行政再編を行い、牧畜経済の立て直しや牧草地の保護をはかることになったことは、これまでにすでに述べてきた。そして、ジャロード旗北部のホーリンゴル市との境界地域に多くの定住村が形成されたのである。それにより、ジャロード旗北部の人々の営みが移動放牧から定住放牧へと変化しただけではなく、炭鉱都市ホーリンゴル市と隣接する地域に定住し、その都市と関わりを持ちながら生計を立てていくことになった。

こうした新たな社会環境の中で、これらの村々は如何に生計を立てているのだろうか。本章では、炭鉱都市ホーリンゴル市と隣接するバヤンオボート村を事例に、村における生業の変化、婚姻関係、家畜の構成など多方面から分析を行う。それを通して、地下資源開発による地域社会の変貌、さらに牧畜村と都市の関わりを明らかにする。バヤンオボート村は炭鉱都市ホーリンゴル市と同時期に、従来と異なる大興安嶺の中腹という寒冷な自然環境の中で形成された純牧畜の村である。行政的には旧ホーリンゴル・ソム[165]の管轄下に置かれていた。

炭鉱都市ホーリンゴル市が建設される以前、バヤンオボート村を含めたジャロード旗北部の人々はホーリンゴル周辺の優良な牧草地で春から秋にかけて移動放牧を行い、冬は生産大隊の中心が置かれている冬営地の周辺で放牧を行っていたのだった。しかし、炭鉱都市の建設によって牧草地が減少し、伝統的な移動放牧を行うことが困難になり、多くの人々が定住放牧のみしかできない状況に追い込まれたことはすでに論じてきた。それにより、バヤンオボート村の牧草地の利用形態も、定住化に合わせる形で変容していくのである。具体的には、これまでと異なる定住型牧畜により、家畜の構成にも変化が見られ、しかも炭鉱開発による環境汚染の影響で家畜に大きな被害が出るようになる。また一方で、バヤンオボート村の村民生活が、炭鉱都市ホーリンゴル市へ依存する構造も生まれ、その傾向が高まりつつある。その論拠の1つを挙げると、村における出稼ぎ者の殆どがホーリンゴル市に行っているという事情がある。

そのため、バヤンオボート村を考察することは、地下資源開発が地域社会に与えた影響、そして牧畜村と都市の関係を見るうえで絶好の事例になる、と考えている。また地下資源開発がブームとなっている内モンゴルなどの少数民族地域[166]の今後の社会構造を理解するうえでもバヤンオボート村の事例は様々な示唆を示すものであり、少数民族社会の今後を展望するうえでも重要な意味を持つものと考えている。

1　炭鉱開発によって形成されたバヤンオボート村とその概況

1-1　バヤンオボート村の形成

バヤンオボート村は、1986年にウランハダ・ソムのチャガンエンゲル(査干恩格爾）村から12戸の牧民がホーリンゴルの牧草地に移動して定住したことに発する[167]。先にも述べたように、1980年代初頭、ホーリンゴル炭鉱の開発が本格化し、1985年にホーリンゴル市が建設された。それにより、ジャロード旗北部ウランハダ・ソムのチャガンエンゲル村の広大な牧草地が炭鉱都市ホーリンゴル市に占有される。そして、チャガンエンゲル村の牧民が春から秋にかけて行っていた移動放牧ができなくなり、定住放牧のみしかできない状況に追い込まれた。つまり、移動放牧を行っていたチャガンエンゲル村の牧民生活に大打撃を与え、牧畜経済の衰退にも繋がった。そのうえ、定住化によって、チャガンエンゲル村[168]の人口と家畜は1か所に集中し、そのため村の規模が膨張することになった。また一方の炭鉱都市ホーリンゴル市でも人口が増え続けており、そのため牧草地がさらに占有される危機に瀕していた。それを受け、旗政府はジャロード旗北部のホーリンゴル市との緩衝地帯の確保や、牧草地の縮小によって大打撃を受けた牧畜経済の立て直しを図るため、行政再編に踏み切るのだ。その行政再編により、ジャロード旗北部地域に1984年にアルクンドレン・ソム、1985年に炭鉱都市と同名のホーリンゴル・ソムが新設され、その下に多くの新しい村が配置される。その一環として、バヤンオボート村が設立され、それまで所属していたチャガンエンゲル村から北部へ100キロ離れた牧草地に移住することになった。この移住の際、ジャロード旗政府は、ほかの村々と同じくバヤンオボート村の家屋建設において、ホーリンゴルの牧草地の補償金を使った。バヤンオボート村の場合、井戸と三間家屋（レンガ積みの家）が12軒建てられた。しかし、大興安嶺の中腹という厳しい自然環境であるにもかかわらず、旗政府による防寒用の家畜小屋は建設されなかった。その理由として、旗政府が牧草地の補償金をほかの用途に流用した[169]ことによる資金不足が挙げられる。当初は新たな家屋建築の際には補償金を使い、牧民たちには無料で建てることになっていた。ところが、後になると三間家屋を1軒建設するごとに3,000元を徴収したという[170]。また、炭鉱都市の建設により、牧草地が占有された牧民たちは直接、補賞金をもらうことはなかったようだ。むしろ、家屋を無料で提供することは補償金の恩恵を受けたことになるため、新設の村に移住しなかった人々は家屋建築費にあたる補償金の支払いを旗政府に求めた。しかし、ジャロード旗政府は補償金を出さなかったうえに、かえって牧民の側からお金を徴収したことになる。

さて図4–1に示したように、ウランハダ・ソムのチャガンエンゲル村の牧民を本来の牧草地に移動させて、2つの村を形成させた。それが1984年に形成されたアムゴラン（阿木古楞）村と1986年に形成されたバヤンオボート村であり、それぞれアルクンドレン・ソムとホーリンゴル・ソムに所属することになった[171]。

図4–1　ウランハダ・ソムチャガンエンゲル村から形成された2村

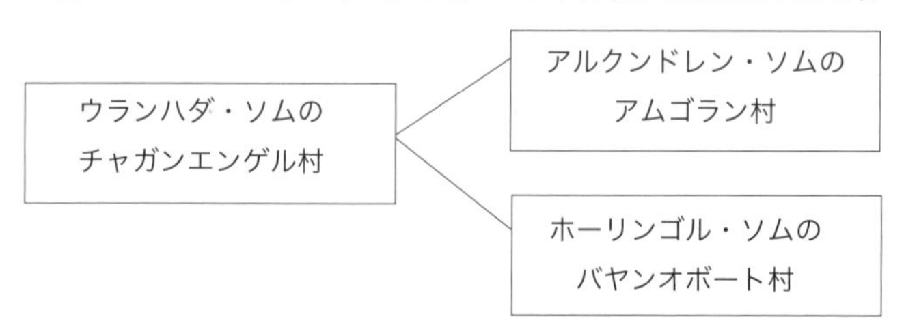

出典：聞き取り調査に基づき筆者作成。

1–2　バヤンオボート村の概況

バヤンオボート村は、旗政府所在地である魯北鎮から東北に 180 キロ離れたところに位置し（図 4–2 を参照）、西北に炭鉱都市ホーリンゴル市と、北部にヒンガン（興安）盟ホルチン（科爾沁）右翼中旗にそれぞれ隣接している。村の名前はバヤンオボート村の東にあるオボート（敖包図）山の名から由来している。村が形成されたときの村の党書記の話では、村が豊かになることを祈ってバヤン（富裕）という語を付け加えバヤンオボートにしたという。言い伝えによると、昔、オボート山には恐ろしい精霊がいたためある部族が隣の山の上でその精霊を鎮めようと祭祀を行っていたという。かつて、移動放牧を行っていたジャロード旗北部地域の人々もそのオボート山に遠いところから供物を捧げ、天候の安定や家畜の増産を願っていたそうだ。

バヤンオボート村は牧畜を営みながら生計を立てているモンゴル族の村落である。2011 年 8 月の調査によると、村には 33 戸、128 人が生活しており、形成当時の 12 戸 77 人から計算すると戸数が 2.5 倍以上、人口が 1.5 倍以上に増加している。この戸数増と人口増の違いから、1 世帯における家族の構成員の数が減ったのではないかと考えられる。村の牧草地面積は 12 万ムーで、形成当時の 15 万ムーから減っている。これは、1990 年代初頭、ホーリンゴル・ソムの各村とホーリンゴル市の境界線が確定されたことにより減少したものと考えられる。また、小規模の耕地を有しており、その面積は 640 ムーである。

バヤンオボート村は大興安嶺東南端の中腹に位置し、山間低地で川沿いに立地された村落である。この地域は海抜 1,000 メートルで高原地域に属しているため冬が長くて寒い、夏は短くて涼しい気候であるという特徴を有している。冬はしばしば氷点下 20℃以下にもなるため、家畜の凍死も稀ではないという。また大雪による家畜の被害はもとより、積雪により道路が封鎖され、村人の日常生活に影響が出ることも多い。調査の際に、朝起きると大雪により外出できなくなり隣人から助けてもらうか、窓から出て積もった雪をかき分けて、ドアを開けたなどという話もよく聞いた。繰り返しになるが、このように冬は大変厳しい自然環境であるため、ホーリンゴル市を含めたこの辺の牧草地を、牧民たちは長年夏営地として利用してきたのだった。だが、炭鉱開発によってホーリンゴルの牧草地は大きく変容せざるを得なくなったのだ。

図 4–2　ジャロード旗の中のバヤンオボート村の位置

中国の行政再編により、2001年にバヤンオボート村とテメゲンフジュウト（駱駝脖子）村、ウレムジ（烏力木吉）村、ハリソタイ（海勒斯台）村が合併してバヤンオボート・ガチャーとなった。それと同時にホーリンゴル・ソムとアルクンドレン・ソムが合併してアルクンドレン・ソムとなり、その後の2006年にアルクンドレン鎮となった。ホーリンゴル市と同名のホーリンゴル・ソム行政が撤廃され、当然ながらバヤンオボート村もアルクンドレン鎮に所属することになった。

次に、チャガンエンゲル村の人々が移住して形成されたアムゴラン村の状況について触れておきたい。

1–3　アムゴラン村の形成と概況

先に述べたように、アムゴラン村はホーリンゴル炭鉱の開発によりホーリンゴル市が建設される直前の1984年に設置された。1980年代初頭からホーリンゴル炭鉱の開発が活発に行われ、都市建設の準備が着々と進められていた。それにより、ジャロード旗北部の人々が移動放牧を行っていたホーリンゴルの広大な牧草地がホーリンゴル炭鉱に占有されつつあった。このような状況の下、ジャロード旗政府は新居民点（村）建設プロジェクトを打ち出し、牧草地の縮小により打撃を受けた牧畜業の立て直しをはかった。その新居民点（村）建設プロジェクトの一環としてアムゴラン村など10個の村が形成され、アルクンドレン・ソムの管轄下に置かれた。そして、1984年にウランハダ・ソムのチャガンエンゲル村から23戸158人を移住させて、モンゴル族のみの村であるアムゴラン村が形成された。旗政府が三間家屋を20軒建て、各世帯に防寒用の家畜小屋と井戸などを建設した。しかしながらバヤンオボート村と同様、後になると三間家屋を1軒建設するごとに、3,000元が徴収されたという。移住させる世帯に関して、旗政府は牧民たちの意志を尊重したうえ、長年牧畜業に携わってきた経験豊富な牧民を優先して移住させることにした。しかし、アルクンドレン・ソムの各村において、学校の教諭、医者や獣医などは均等割りで強制的に移住させたそうである。形成当時、アムゴラン村の牧草地面積は16万ムーで、四畜をそれぞれ牛335頭、馬98頭、羊3,319頭、ヤギは 1,618 頭を所有していた[172]。アムゴラン村は、大興安嶺の南麓（図 4–2 参照）、つまり彼らがかつて所属していたチャガンエンゲル村から北へ 60 キロ離れたところに位置している。旗政府所在地である魯北鎮から東北へ 150 キロ、炭鉱都市ホーリンゴル市から南へ 50 キロ離れている。

アムゴラン村の人々は「30 年不変」の土地請負制[173]が実施される 1997 年頃まで、境界線があるものの、村の牧草地を基本的に共同で利用していた。家畜の放牧も当番制や受託などの協力関係の中で行われていた。また、自給自足のためナマク＝タリヤ農耕（モンゴル＝アム）やトウモロコシなども栽培していたという。その後、「30 年不変」の土地請負制が実施された後も、アムゴラン村の人々は従来のように牧畜業を営みながら生計を立てていた。しかし、土地の私有化により、人々は牧草地を囲い込むようになり、それぞれの牧草地に家畜を放牧するようになった。そして、村における協力関係が徐々に薄れ、雇われ牧民などを雇い労働力不足の問題を解消するようになったのだという。さらに、自然環境の衰退や降雨量の減少により、採算が取れなくなったため、自給自足の農業を取りやめ、近年、家畜の餌となる作物の栽培を行う人も減少したという。また、干ばつが続いていた 1990 年代半ば頃にアムゴラン村を含めたアルクンドレン・ソムの各村において、オボー祭祀を復活させる動きが現われたと言われている。これは村民による雨乞いのためのものである。農業以外に、出稼ぎに行っている世帯は 1 世帯しかないが、大学を卒業後正規の仕事が見つからず、都会などで非正規雇用として働く若者が 10 人ぐらいいるという。しかし、本村から最も近い炭鉱都市ホーリンゴル市で働いている若者は 1 人もいない。現在、アムゴラン村の家畜頭数は形成当時より増えたが、1990 年代半ばのピーク時より大きく減少している。この原因として考えられるのが、ホーリンゴル炭鉱による環境汚染である。環境汚染は南へ 50 キロ離れたアムゴラン村まで及んでおり、それが原因で家畜が痩せて大量に死んでいるという。

2　バヤンオボート村の実態

資源開発をきっかけにして形成され、しかも炭鉱都市ホーリンゴル市と隣接しながら生計を立てるようになったバヤンオボート村の人々はどのような生活を送っているのだろうか。まずバヤンオボート村における各戸の基本状況から牧民生活の実態を見てみよう。

表4–1はバヤンオボート村における各戸の基本状況を示したものである。表4–1から、先にも述べたようにバヤンオボート村に33戸、128人が暮らしており、多くの世帯が牧畜を営んでいることが分かる。また、各戸は広い面積の牧草地と小規模の耕地を有し、相当数の家畜を飼っていることも見て取れる。村における出稼ぎ世帯の数が9戸に上っており、その多くは隣接の炭鉱都市ホーリンゴル市に行っている。さらに村の子供たちの殆どがホーリンゴル市の学校に通っている。このことから、牧畜を生業とするバヤンオボート村が、本来経済的に対立関係にある炭鉱都市ホーリンゴル市に、出稼ぎと教育の面で依存していると言える。

表4–1からバヤンオボート村の人々の多くは、もともと暮らしていたチャガンエンゲル村から1986年に移住してきたことも分かる。その後もチャガンエンゲル村から何戸かが移住して来ており、牧民たちはホーリンゴルの優良な牧草地に期待して移住していることがうかがえる。ちなみにある意味では矛盾した事例であるが、ホーリンゴル牧草地が優良であったことを連想させる事例として、ジャロード旗北部地域の人々は炭鉱都市ホーリンゴル市を通常「ノゴーンホト」（緑城）と呼んでいたことが挙げられよう。つまり、今日の炭鉱都市ホーリンゴル市は、かつてはすべて牧草地であって、現在では牧民たちのこの都市の呼び方にだけ、その事実を想起させる「音」が残っているに過ぎない。

また、ジャロード旗北部のバヤンボラガ・ソムから1世帯が1992年に移住してきたが、後に分家して2世帯となっている。この世帯はシリンゴル盟の東ウジュムチン旗で雇われ牧民として一時期生活し、後に牧畜を営むためバヤンオボート村に来たと言われている。また炭鉱開発による環境汚染がひどくなった後にも婿に来ている人もいるという。

表 4–1　バヤンオボート村の各戸の基本状況

世帯番号	世帯別	年齢（歳）	家族（人）	子供状況		子供の通学先	通勤先	移住元の村	本村に移住年	牧草地面積（ムー）	耕地面積（ムー）	羊とヤギ（頭）	牛（頭）	ホーリンゴル市との関わり			
				男	女									家畜	牛乳	毛皮	野菜
1	牧民	30	4	—	1	HS	—	CE	1986	1,700	40	150	15	ある	ある	ある	なし
2	牧民	33	3	—	1	HS	—	CE	1986	1,500	40	300	—	ある	ある	ある	なし
3	出稼ぎ	38	4	2	—	HS	HS	CE	1986	2,000	20	—	—	ある	なし	ある	なし
4	出稼ぎ	65	3	2	—	—	HS	CE	1986	2,000	30	—	—	ある	なし	ある	なし
5	牧民	50	5	1	—	—	—	CE	1987	2,000	20	250	30	ある	なし	ある	なし
6	牧民	48	6	2	—	—	—	CE	1987	1,800	50	400	20	ある	ある	ある	なし
7	牧民	46	4	2	—	—	HS	CE	1986	3,000	40	500	—	ある	なし	ある	なし
8	牧民	46	5	1	2	HS と DG	—	CE	1986	3,000	50	350	10	ある	なし	ある	なし
9	牧民	54	3	2	—	—	HS	CE	1986	1,500	40	—	20	ある	なし	ある	なし
10	牧民	51	3	—	1	HS	—	CE	1987	1,000	70	100	10	ある	なし	ある	なし
11	牧民	42	4	1	1	HS と DG	—	CE	1986	4,000	40	400	20	ある	なし	ある	なし
12	牧民	40	4	1	1	HS	HS	CE	1986	2,000	80	300	30	ある	なし	ある	なし
13	牧民	36	4	—	2	HS と TR	—	CE	1986	3,000	30	500	—	ある	なし	ある	なし
14	牧民	50	4	1	2	DG	HS	CE	1987	1,800	50	500	20	ある	なし	ある	なし
15	牧民	25	5	1	—	HS	—	CE	1988	2,000	60	500	45	ある	なし	ある	なし
16	牧民	55	4	1	1	—	HS	CE	1986	2,000	80	100	50	ある	なし	ある	なし
17	牧民	57	2	1	—	—	—	CE	1986	3,000	60	200	20	ある	なし	ある	なし
18	牧民	33	3	1	—	HS	—	CE	1986	1,000	30	150	—	ある	なし	ある	なし
19	牧民	47	5	1	1	—	JG	CE	1986	3,000	80	100	20	ある	なし	ある	なし
20	出稼ぎ	31	5	1	—	HS	HS	CE	1986	1,500	60	60	—	ある	なし	ある	なし
21	牧民	53	2	1	—	—	—	CE	1987	2,000	50	150	10	ある	なし	ある	なし
22	牧民	44	4	1	1	TR と DG	—	CE	1987	1,500	40	300	30	ある	なし	ある	なし
23	牧民	41	6	—	3	TR	HS	CE	1986	1,700	50	300	—	ある	なし	ある	なし
24	牧民	51	6	1	2	DG	HS	JH	1992	1,500	50	50	—	ある	なし	ある	なし
25	牧民	47	4	1	1	HS	—	JH	1992	1,500	40	300	30	ある	なし	ある	なし
26	出稼ぎ	43	3	—	1	HS	HS	CE	1986	1,000	30	60	—	ある	なし	ある	なし
27	出稼ぎ	45	4	—	2	DG	HS	CE	1986	1,200	40	—	—	ある	なし	ある	なし
28	出稼ぎ	36	3	1	—	HS	HS	CE	1986	500	20	60	—	ある	なし	ある	なし
29	出稼ぎ	33	5	1	—	HS	HS	CE	1986	500	30	60	10	ある	なし	ある	なし
30	出稼ぎ	44	2	—	1	DG	HS	CE	1986	1,500	50	—	—	ある	なし	ある	なし
31	出稼ぎ	50	3	1	1	—	HS	CE	1989	1,200	40	—	—	ある	なし	ある	なし
32	牧民	23	3	1	—	—	—	JG	2009	1,000	10	50	40	ある	なし	ある	なし
33	牧民	29	3	1	—	—	—	JG	2010	400	10	100	3	ある	なし	ある	なし

出典：聞き取り調査により筆者作成。

注：HS はホーリンゴル市と同市の学校 、CE はチャガンエンゲル村 、JH はジャロード旗北部地域 、JG はジャロード旗以外の地域 、TR は通遼市の学校 、DG は大学を指している。

それ以外に、バヤンオボート村の人々は家畜、牛乳、毛皮などを殆どホーリンゴル市の商人に売っている。聞き取り調査によると、牛乳を売ることで現金収入を得るが、小牛の成長に支障が出るため多くの家庭が牛の乳を搾っていないという。炭鉱開発が行われていた当初炭鉱側の人から野菜をもらうことはあっても、野菜などをホーリンゴル市に行って売るということはなかったそうだ。このように、出稼ぎや教育以外にも、バヤンオボート村の人々は日常生活の中でもホーリンゴル市と深いつながりがある。しかし、炭鉱都市ホーリンゴル市と隣接しているとはいえ、バヤンオボート村の人々が電気を使えるようになったのは2004年頃からである。また、彼らがもともと暮らしていたチャガンエンゲル村などを結ぶ道路は、殆どアスファルト舗装されているのに対して、バヤンオボート村などの道路は牧草地を車が走り踏み固められたことでできたいわゆる「砂利道」しかない。村の間に流れている川にも橋が整備されていない。そして何よりも炭鉱都市ホーリンゴル市からの汚染によって、牧民たちが従来描いてきた「ノゴーンホト」（緑城）のイメージは徐々に薄れつつあるように考えられる。

3　バヤンオボート村の人口動態

3–1　人口の変化

資源開発によって、バヤンオボート村の人々は炭鉱都市ホーリンゴル市と隣接しながら大興安嶺の中腹という寒冷な自然環境の中で牧畜を営んで生活するようになった。このバヤンオボート村の人口や戸数がどのように変化しているかを見てみよう。

図4–3はバヤンオボート村の形成当時（1986年）と2011年の人口と戸数の変化状況を示したものである。バヤンオボート村の人口は1986年の12戸77人から2011年に33戸128人までに伸びた。この25年間において、バヤンオボート村の戸数が2.5倍以上増えたのに対して人口が1.5倍以上しか伸びていないことは図4–3から分かる。つまり、バヤンオボー村における各世帯の構成員が減少したことを意味する。聞き取り調査によると、累世同居の大家族から兄弟が分家して形成される核家族が多くなっている。人口の増加は自然増によるもので、大規模な移民の流入と流出は見られない。

図 4–3
バヤンオボート村の人口と戸数の推移

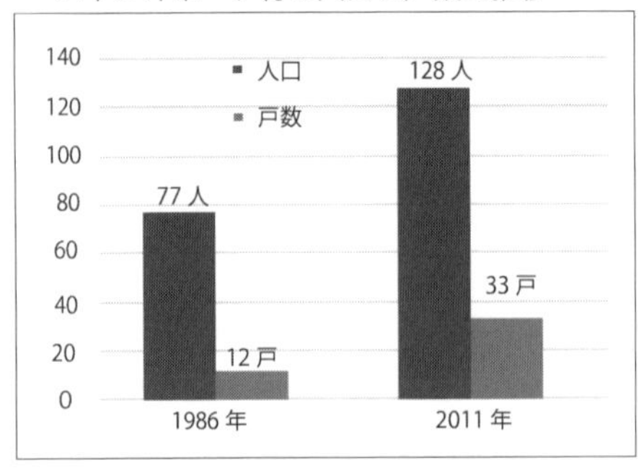

出典：聞き取り調査により筆者作成。

図 4–4　バヤンオボート村の
出稼ぎ者世帯と牧民世帯の比較

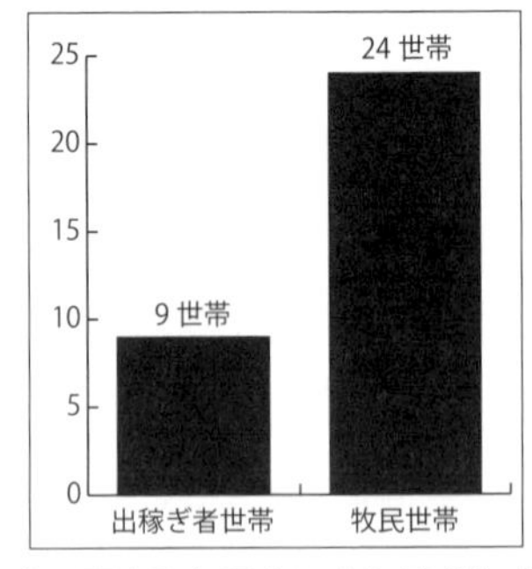

出典：聞き取り調査により筆者作成。

これまではバヤンオボート村の牧民は厳しい自然環境の中においても牧畜に頼りながら比較的に安定した生活を送っていた。しかし、2000 年前後から出稼ぎに行く世帯が現われ始めたという。農業を行う世帯は村が形成された当時多数存在していたが、度重なる干ばつによりコストが上昇したため、だんだんその数が減り、現在では殆どの世帯が農業を行っていないという。先にも触れたようにその当時行われていた農業では、葉や茎などが家畜の餌として使える穀物や伝統的なナマク＝タリヤ農耕、そして寒冷な気候に適した小麦、ジャガイモ、チンゲン菜などが多かった。

3–2　出稼ぎ者の状況

図 4–4 はバヤンオボート村の出稼ぎ者世帯と牧民世帯を比較したものである。図 4–4 で示したように、牧畜を営んでいる世帯 24 戸に対して出稼ぎ者世帯は 9 戸となっており、出稼ぎ者世帯が少なからずあることが分かる。出稼ぎ者世帯は､全て隣の炭鉱都市ホーリンゴル市に行っており、いまだに村民と深い繋がりを持っている。戸籍もバヤンオボート村に置いており、旗政府から出されている家畜や牧草地の補助金も通常通りもらっている。

表 4–2 はバヤンオボート村の出稼ぎ世帯の基本状況を示したものである。バヤンオボート村の出稼ぎ者は 17 世帯にまで広がっている。出稼ぎ者は殆ど隣接のホーリンゴル市に行っており、極少数の若者がそれ以外の

地域に行っている。出稼ぎ者は若い世帯や牧民世帯の若者に集中している。牧畜業に対する経験が浅い者や、学校を卒業後正式な働き先がない者が出稼ぎに行っていると考えられる。また、労働力が少ない小規模な家庭や労働力が多い大規模な家庭の若者が出稼ぎに行っていることも確認している。

表 4–2 バヤンオボート村の出稼ぎ者世帯の基本状況

世帯番号	世帯別	年齢（歳）	家族（人）	通勤先	勤務先など。
3	出稼ぎ	38	4	HS	建設現場や草刈りなど。
4	出稼ぎ	65	3	HS	サービス業など。
7	牧民	46	4	JG	バヤンノール市の企業で働くなど。
9	牧民	54	3	HS	雇われ牧民など。
12	牧民	40	4	HS	建築の仕事など。
14	牧民	50	4	HS	ビジネスなど。
16	牧民	55	4	HS	学校に研修している。
19	牧民	47	5	JG	大連の企業で働くなど。
20	出稼ぎ	31	5	HS	発電所など。
23	牧民	41	6	HS	サービス業など。
24	牧民	51	6	HS	発電所など。
26	出稼ぎ	43	3	HS	料理店にサービス業など。
27	出稼ぎ	45	4	HS	サービス業や建設現場など。
28	出稼ぎ	36	3	HS	アルミニウム工業に運転手の仕事やサービス業など。
29	出稼ぎ	33	5	HS	アルミニウム工業やサービス業など。
30	出稼ぎ	44	2	HS	サービス業など。
31	出稼ぎ	50	3	HS	建設現場など。

出典：聞き取り調査により筆者作成。
注：HS はホーリンゴル市、JG はジャロード旗以外の地域を指している。

表 4–2 から分かるように、出稼ぎ者の主な働き先は建設現場やアルミニウム工業などの肉体労働や料理店などのサービス業である。労働時間は毎日平均 8 時間と考えると、毎月の平均賃金はサービス業などが 1,500 ～ 2,000 元で、肉体労働などがやや高く 2,000 ～ 2,500 元となっている。ホーリンゴル市は工業都市であるため、物価はやや高くなっているが、賃金は普通の地方都市と同じレベルと言われている。出稼ぎ者の殆どが賃貸住宅に住んでおり、毎月の家賃は 300 ～ 1,300 元となっている。以上の状況を踏まえて考えると出稼ぎ者世帯の生活は決してよくないと言えよ

う。

出稼ぎ者にとって、バヤンオボート村民との繋がりや政府の牧草地などの補助金は大きな後ろ盾となっているように考えられる。出稼ぎに行く要因としては第一に大雪で家畜が大量に死んだことが挙げられており、次に牧草地の衰退や干ばつが挙げられている。また、ホーリンゴル市と隣接していることが、出稼ぎに行く好条件であることをも見逃してはならないだろう。つまり、バヤンオボート村の人々は炭鉱都市ホーリンゴル市へ依存する構造が存在している、と言えよう。

4　婚姻関係に見る村のネットワーク

ホーリンゴルの優良な牧草地を守るために敢えて炭鉱都市ホーリンゴル市の隣に形成されたバヤンオボート村をめぐる社会関係はどうなっているのか。バヤンオボート村の婚姻関係から地域のネットワークを見てみよう。

図 4–5 はバヤンオボート村に最初に移住してきた 12 戸の若い世代の配偶者の出身地を示したものである。A 戸を事例に図 4–5 を説明すると、1986 年当時 A 戸は息子 2 人、娘 4 人、祖父祖母と 10 人家族となっていたことが分かる。また息子と娘の配偶者の出身地を記号で示した。図 4–5 からは、前にも述べたように、バヤンオボート村における各世帯の構成員が少なくなっていることが分かる。また、バヤンオボート村の若い世帯の既婚者 42 人のうち、配偶者が同じバヤンオボート村 (BN) のものが 13 人いる。この数字は既婚者 42 人のうち約 31% に相当する。

配偶者が大元であるチャガンエンゲル村 (CE) とチャガンエンゲル村から移住して形成されたアムゴラン村 (AG) の者がそれぞれ 3 人ずつとなっている。合わせると 6 人で、既婚者 42 人の約 14% を占めている。バヤンオボート村と大元であるチャガンエンゲル村などの関係は一定程度保たれているものの、徐々に交流が薄れているとも言えよう。配偶者が隣接の村などを含めたジャロード旗北部地域 (JH) の者が 12 人いて、既婚者 42

人の約29％を占めている。配偶者がホーリンゴル市(HS)の者が5人で、既婚者42人の約12％に相当する。ホーリンゴル市と婚姻の面においても関係が結ばれており、しかもその数が大元であるチャガンエンゲル村を上回っている。距離的に近いことと日常的な交流が、婚姻関係に影響を与えていると考えられる。

図4–5　バヤンオボート村の婚姻関係

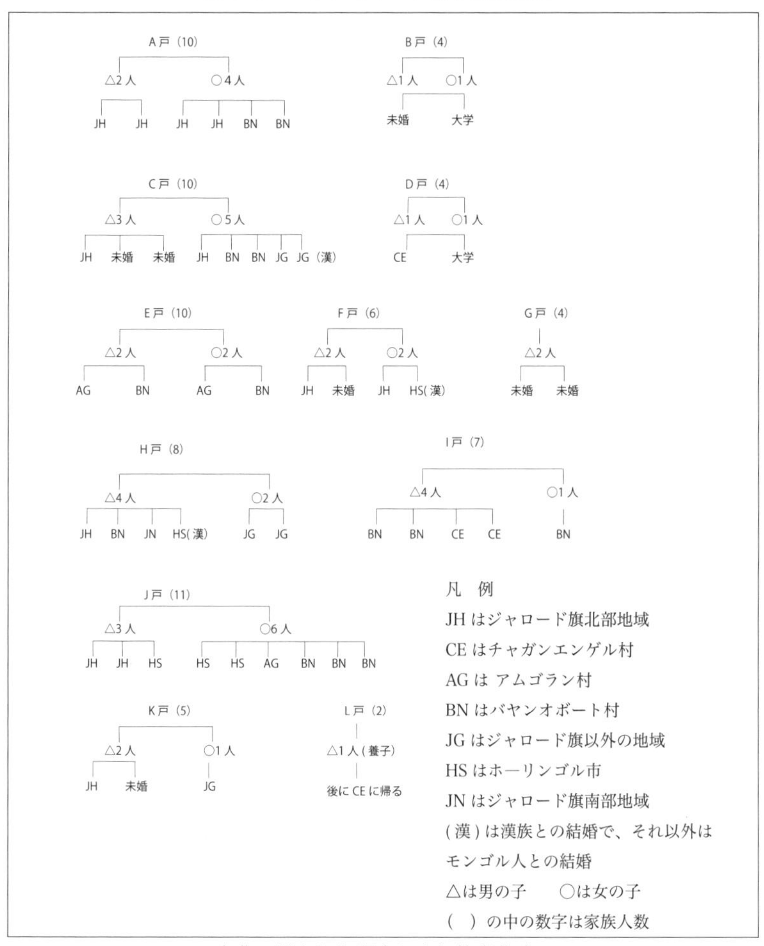

出典：聞き取り調査により筆者作成

配偶者がジャロード旗以外の地域 (JG) の者が5人で、既婚者42人の約12%を占めている。その配偶者の多くがジャロード旗と隣接しているヒンガン盟ホルチン右翼中旗の人々であることが聞き取り調査で確認できた。資源開発が盛んに行われていた1980年代初頭、ジャロード旗とホルチン右翼中旗との間で牧草地の紛争が頻繁に起こっていた。しかし、両地域は距離的に近いことに加え、日常的な交流を重ねた結果、現在は婚姻関係が結ばれるほど関わりが深いことが分かる。ちなみに、配偶者が、ジャロード旗南部の農耕地域 (JN) の者はわずか1人で、漢民族である者は3人しかいない。バヤンオボート村の人々の婚姻に対する民族意識が比較的強いことがうかがえる。また、同じ村内の結婚や隣接の村などとの結婚が多くの割合を占めており、婚姻圏が非常に狭いという特徴がある。一方で、生業から見ると、ジャロード旗北部地域などの同じ牧畜を営んでいる地域と結ばれている婚姻関係が多く、生業も一定程度婚姻関係に影響を与えていることが分かる。

5　ホーリンゴル炭鉱の開発によるバヤンオボート村の変貌

炭鉱都市ホーリンゴル市が建設される前まで、チャガンエンゲル村の牧民は1年のうち8か月以上を、ホーリンゴルの牧草地にある夏営地で家畜を放牧しながら過ごしていた。その夏営地は、生産大隊の中心が置かれていた冬営地から北へ100キロ離れていた。ところが炭鉱都市ホーリンゴル市の建設に伴い広大な牧草地が占有され、多くの村が定住牧畜に追い込まれたことは、すでに論じてきた通りだ。当然ながら、バヤンオボート村の牧民たちも定住牧畜を営むようになるが、その牧草地の利用や放牧の仕方はどのように変化しているのだろうか。バヤンオボート村における生業や家畜頭数の動態、自然環境の変化などから村の変貌を考察する。

5–1　バヤンオボート村の生業変化

炭鉱都市ホーリンゴル市が建設され、ジャロード旗北部の広大な牧草地が占有されたことで、多くの村が定住牧畜と化し、その放牧形態も大きな変化を見せた。新設されたバヤンオボート村は大元であるチャガンエンゲル村と同様に季節移動ができなくなり、内モンゴルの多くの牧畜村に見られる定住放牧形態へと変貌していくこととなった。つまり、定住型の村が形成され、その村の周囲に牧草地が広がり、そこで放牧が営まれる牧畜経営形態の風景である。請負制度が導入されてからも、バヤンオボート村の人々は共同生活を送ってきた村民との社会関係を尊重し、牧草地の共同利用を維持してきた。様々な作業も共同で行い、労働力不足の問題を解消するために牧草地の境界線こそあるものの、現在でもなお牧草地は共同で利用している。具体的に言えば、協力関係にある牧民同士が日帰り放牧を当番制で行い、ある世帯に特定の家畜を委託しその世帯に特定の家畜の世話を特化させるなどして、人手不足の問題を解消していた。要するに、資源開発により大きな変化にさらされた後も、日常的な生業を行ううえでは、従来通り互いに助け合い困難を乗り越える知恵が生かされていたのである。

また、バヤンオボート村の人々は、移動放牧を完全に放棄したわけではない。バヤンオボート村の牧民は移動放牧を維持するため、12万ムー規模の牧草地を草刈り地と放牧地に分けた（図4–7を参照）。しかも、それぞれを6万ムー規模と定め、草刈り地を移動放牧の牧草地としても使うようにした。移動時期は概ね毎年3～5月と、草刈りが終わる頃から雪が降り積もるまでの間である。草刈り地に牧民は簡易なゲルなどを建て、家畜を放牧させるのである。それ以外の時期は、家畜を村の周辺に共同で放牧させている。炭鉱都市ホーリンゴル市が建設される前まで、チャガンエンゲル村の人々は南から北へ移動していたが（図4–6を参照）、現在のバヤンオボート村の人々は北から南へ移動している。牧草地を保護する目的で、ホーリンゴル市との緩衝地域が形成されたため、それ以上北上できなくなったのである。また、移動の回数も増え、年に2回も移動するようになった。それなりに手間がかかるが、これによって家畜がきちんと太り、そして牧草地を有効に利用できる方法である。そのため、この方法は、村民に歓迎され現在も維持されている。

図 4–6　チャガンエンゲル生産大隊の牧草地利用図 (1986 年以前)

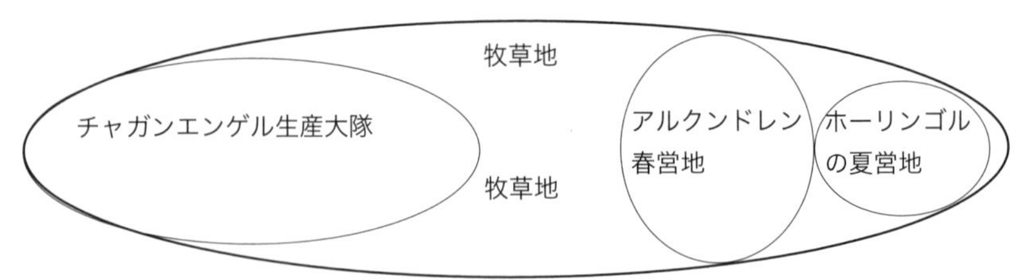

出典：聞き取り調査により筆者作成。

図 4–7　バヤンオボート村の牧草地利用図 (1986 年以後)

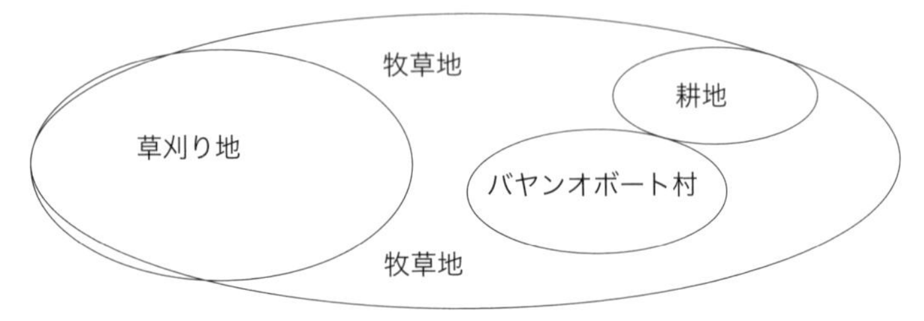

出典：聞き取り調査により筆者作成。

村が形成された当初、放牧は基本的に村の牧草地の範囲内で行われていたが、境界を越えて隣接の村やシリンゴル盟東ウジュムチン旗の牧草地で放牧を行っても問題視されることはなかったという。しかし、ホーリンゴル市の管轄地に放牧することだけは許されなかったそうだ。一方のホーリンゴル市の人々は、炭鉱管轄区域内で放牧されている家畜を見かけると盗む、隠す、傷つけるなどの行為におよぶことがあったのである。そのため、ホーリンゴル市と牧民の対立は、市が建設される前から絶えず続いていた。ただし、バヤンオボート村の牧民は優良な牧草地を守り牧畜業を堅持してきた。定住放牧は限られた牧草地を長期にわたって利用するようになったため、自然環境に深刻な影響を与え、村の牧草地は次第に衰退していく。このため、バヤンオボート村を含めた周辺の村々では、家畜が草原を踏み固めてしまうことによる牧草地の浸食が著しい。

さて、上述のように草原を維持し、移動放牧も行い続けているバヤンオボート村であるが、この村も1996年から全国的に実施された「30年不変」の土地請負制により、大きな変化が訪れることになった。バヤンオボート村で「30年不変」の土地請負制が適用されたのは、1997年のことである。この制度に基づく牧草地の個人への分配基準は、地域によって異なっており、バヤンオボート村の場合、世帯員数割と飼育家畜頭数割のそれぞれに当てる牧草地の面積比率が6：4であった。このように牧草地が牧民に再分配され、使用権と管理責任が牧民に転嫁された。しかし、バヤンオボート村では、従来通り放牧を行う際、牧草地の共同利用は続けられた。しかしながら、草刈りについては、分配された牧草地に基づき各世帯は別々に行うようになった。また、家畜の当番制など牧民の間で行われていた協力関係が崩壊し、労働力が不足した場合、各世帯は個人で人を雇うようになっていった。

さらに、隣接の各村が分配された牧草地を柵で囲むようになったため、家畜の移動範囲がますます縮小されることになった。バヤンオボート村でも、牧草地の共同利用を続けているとはいえ、限られた範囲内での放牧であるため、草が十分に成長修復することができず、しかも毎年繰り返して使うことにより、自然環境は次第に悪化している。

このような悪循環により家畜の体力が落ち、雪害などの自然災害を乗り超える力が低下しつつあるようだ。このため、冬春に大雪による雪害が発生すると多くの家畜を失うことになり、出稼ぎに行かねばならない世帯が現われるようになったのだ。バヤンオボート村が形成された当初、ホーリンゴル市の影響を受け、牧民たちは小麦、ジャガイモ、チンゲン菜などの栽培や伝統的なナマク＝タリヤ農耕（モンゴル＝アム）を行っていた。しかし、地元の人々によると干ばつなどにより、徐々に採算が取れなくなったため、農業をする人がいなくなった。現在、家畜の餌用の草を植える人も少なくなったという。

バヤンオボート村の家畜は牛、馬、羊、ヤギの四畜で、それぞれの放牧方法は異なるが、それらを狭い牧草地の中で行うのは、非常にやりづらい。たとえば、牛の場合、牛は夏に見張りを付けて放牧する必要がなく、ここは河や泉が多いため水の心配もいらない。牧草地には蚊などが多いことと小牛を群れから隔離して村で育てているため、牛の群れは牧草地に泊ることなく、夕方になると自発的に村へ戻ってくる。

かつては夜に牛を柵の中に収容しなかった。これは牛をより良く太らせるために行われていたことである。ところが、炭鉱都市ホーリンゴル市が建設されるようになると、家畜泥棒が現われ、夜間に牛を柵の中に収容しなくてはいけなくなったという。

バヤンオボート村の牧民の大多数は、乗馬用に数頭しか馬を所有していないので、村の中に馬群は多くない。そこで、比較的に馬をたくさん所有している世帯に馬を預けていたところ、群れごとに盗まれたこともあったという。

羊とヤギは一緒にして1つの群れをなす。ただし、1年を通して牧民が付き見張る必要がある。なぜならば、羊とヤギの群れは、牛のように自発的に村に戻って来ないからだ。また、暴風雨や風雪が起こった場合、群れ自体がはぐれてしまう危険性があるので、きめ細かい見張りや世話が必要となる。さらに、夜は必ず柵の中に収容しなくてはならない。夏の収容設

写真4–1　バヤンオボート村

備は簡易なヤナギの枝や竹などで作った囲い程度のもので良いが、冬は冬春の寒さを乗り越えるため、防寒用の畜舎が必要となる。また冬は家畜の飲料水に積雪などを利用する場合が多いが、十分な水分を摂取させるため、1日1回水を与えることを心掛ける。雪が少ない年の場合は凍っている泉や川に穴を掘り、氷を切り出し、水を汲み上げて家畜の飲料水にしていた。なお、冬に凍らない泉もあったという。

写真 4–2　バヤンオボート村から見たホーリンゴル市

通年日帰り放牧を行っていると、村周辺の牧草がはげて土がむき出しになり、草の修復ができなくなる。そのため、バヤンオボート村の牧民は事前に草刈り場から草を刈り取り、冬春の家畜用の餌にする。したがって、刈り草貯蔵施設や草刈り地の確保も欠かせない。ホーリンゴル市が建設される以前は、現在のバヤンオボート村の人々を含めたジャロード旗北部の牧民たちは、1年のうち8か月をホーリンゴルの牧草地で過ごしていたため、定住していたとはいえ、生産大隊の中心が置かれていた冬営地周辺の牧草地は荒れるほどのことはなかった（図 4–6 を参照）。そして、それが家畜の冬の餌となっていたため、ジャロード旗北部の人々はこれまでは

干し草を準備してこなかった。また、冬営地周辺に村落が集中していたため、広大で優良な草刈り地の確保は難しかったのであろう。これらのことから、かつてジャロード旗北部の牧民は冬春を乗り越えるため、大量の干し草を備蓄していなかったと考えられる。

しかし、新設のバヤンオボート村の状況はそれとまったく異なっている。資源開発により、移動放牧が定住放牧への変更を余儀なくされた。そのため、バヤンオボート村の牧民は、先ず村から南に15キロ離れたところに約6万ムー規模の草刈り地を設けた。草刈り地は比較的に草が多く生えている山間の低地を選び、夏における家畜の放牧も草刈り地周辺を避けるようにした。

このように村の各世帯は一定程度の草刈り地を保有し、毎年秋になると草が繁茂し栄養が豊富になった時点で刈り取る。その後、乾いた草から順番に村まで運び、干し草貯蔵施設に備蓄し、冬春に家畜用飼料として使うのである。

干し草の量は各世帯の家畜頭数によって異なるが、牧民が自ら判断して決めている。大体、牛の1日に食べる干し草の量は6～7キロ、羊とヤギの1日に食べる干し草の量は2～2.5キロと計算しているのだという。家畜に干し草を与える期間は概ね3～4か月間である。

余剰の干し草があれば、バヤンオボート村の牧民たちは売却して現金収入にしていた。販売先はジャロード旗南部の牧畜地域の牧民か、それ以外の内モンゴルの牧畜地域の牧民など多方面にわたっている。ちなみに、近年内モンゴルの牧畜地域では自然環境の悪化により、干し草が取れなくなり、干し草を求める牧民が増えている。

以上述べてきたように、1980年代初頭、請負制度が実施された後、地下資源開発によって形成されたバヤンオボート村では牧草地の共同利用が維持されてきた。また、牧草地は縮小されたがバヤンオボート村の人々は牧草地を巧みに利用し、冬春の寒さを乗り越えてきた。その際、草刈り地は大きな役割を果たしたと言えよう。家畜の放牧の仕方は日帰り放牧へと変化したが、放牧の際には互いに協力する関係が一定程度保たれていた。しかし、「30年不変」の土地請負制度（1997）が実施された後、牧草地の共同利用が維持されてはいるが、村民の協力関係が崩れている。これは、土地請負制度の知られざる一面と言えるかもしれない。

5–2　家畜の構成から見る村の変貌

バヤンオボート村の牧民は、地下資源開発により寒冷な自然環境の中で定住生活を送るようになった。このような自然環境の中で家畜をどのように組み合わせながら牧草地を利用してきたのだろうか。次に、バヤンオボート村における家畜構成の変化を見てみよう。

図 4–8　バヤンオボート村における馬の頭数推移

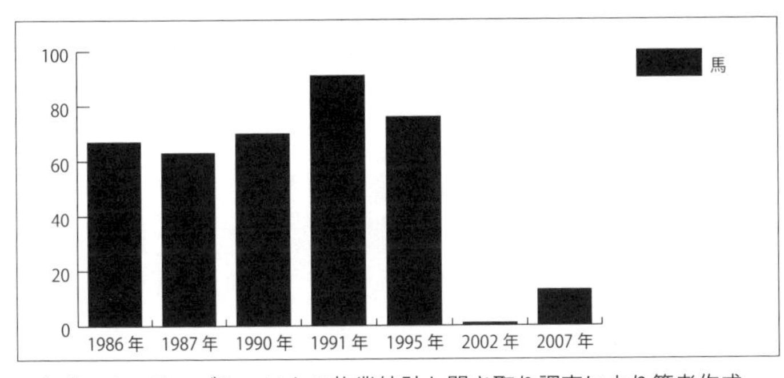

出典：ホーリンゴル・ソムの牧業統計と聞き取り調査により筆者作成。

図 4–8 は、バヤンオボート村における馬の頭数の変化を示したものである。図 4–8 から分かるように、1986 年から 1991 年まで馬の頭数は緩やかな増加を見せていたが、1991 年から 1995 年までに徐々に減り、その後の 2002 年まで急速に減っている。1992 年にホーリンゴル・ソムにおける各村とホーリンゴル市の境界線が設定された[174]。また、1997 年から実施された「30 年不変」の土地請負制による牧草地の分配が行われた。これらのことが影響し、家畜の移動範囲が縮小し、馬のように長距離移動しながら草を食う家畜が育てにくくなったために減少している、と考えられる。

ちなみに近年、ジャロード旗北部地域において、モンゴルの伝統的なナーダム祭[175]が再び盛んに行われるようになってきた。このため、バヤンオボート村の牧民は競馬用の馬を飼育するようになっており、これが2007年のデータで馬の飼育頭数が増えた理由であろう。今後、これがどのように変化し、バヤンオボート村の社会にどのような変容を与えるのか、注視していきたい。

図4–9　バヤンオボート村における牛の頭数推移

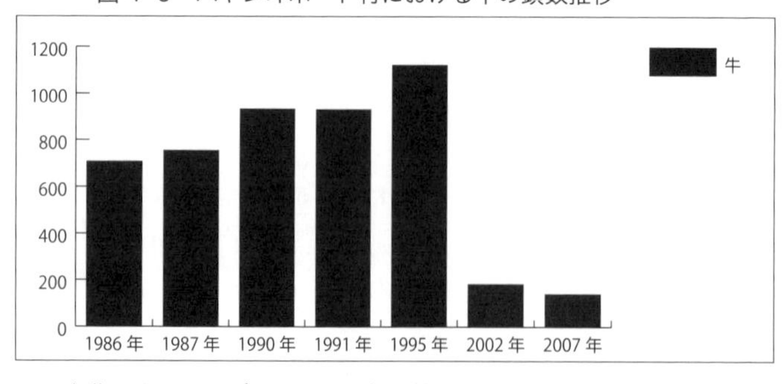

出典：ホーリンゴル・ソムの牧業統計と聞き取り調査により筆者作成。

図4–9はバヤンオボート村における牛の頭数の推移を示したものである。1986年から1995年までの牛の飼育頭数は緩やかに増え続けたことが見て取れる。その後、2002年まで急速に減り、2002年からも緩やかに減り続けている。聞き取り調査によると、2000年に大雪でバヤンオボート村の牛が大量に死んだという。これは、牧草地が次第に衰退していくことにより、丈の高い草を舌で巻き、引っ張って食う牛の飼育が難しくなったためだと考えられる。そのうえ2006年以後、環境汚染の影響が顕著になってきた。牛は比較的に自然環境に敏感な家畜であり、その頭数の減少はバヤンオボート村の自然環境の悪化を意味しているとも言えるだろう。牛の頭数が少なければ少ないほど経済的に利益が上がらず、そのため家畜への投資も難しくなり、今後さらに減少する傾向が予想されると言われている。そこで、旗政府から牛1頭につき1年で50元の補助金が出ているが、現在のところ増える傾向は見られない。

図 4–10　バヤンオボート村における羊の頭数推移

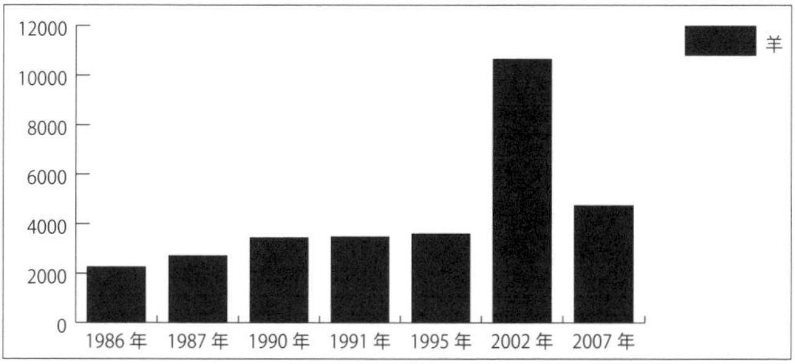

12000
10000
8000
6000
4000
2000
0
1986 年　1987 年　1990 年　1991 年　1995 年　2002 年　2007 年
羊

出典：ホーリンゴル・ソムの牧業統計と聞き取り調査により筆者作成。

図 4–10 はバヤンオボート村における羊の頭数推移を示したものである。羊の頭数は 1986 年から 1995 年まで緩やかに増え続け、1995 年から 2002 年まで急速に増加する。「30 年不変」の土地請負制度の実施により、1997 年から羊の頭数が増加したと考えられる。また、自然環境の衰退により、牧民たちは家畜を大型家畜からこの地域の自然環境に適した小型家畜へと変えていったと考えられる。しかし、2002 年から小型家畜も急速に減っていく。その理由は、2006 年頃から炭鉱開発の影響による環境汚染で羊の歯に異変が起こり、羊に大きな被害が出るようになったためではなかろうか。地元牧民によると、環境汚染により羊が大量に死んでしまったり、死にかけていた羊を急いで売却したという。

図 4–11　バヤンオボート村におけるヤギの頭数推移

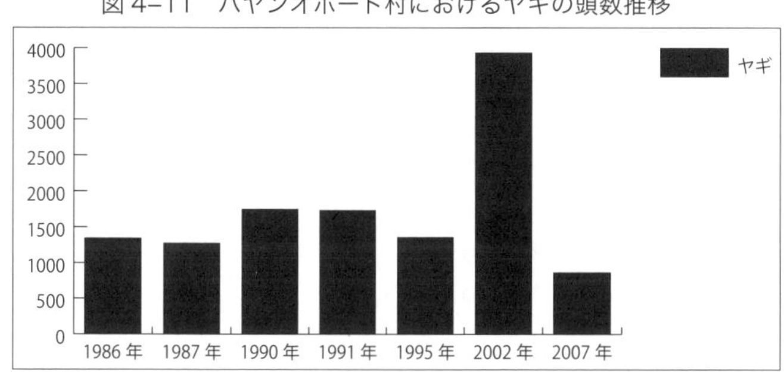

出典：ホーリンゴル・ソムの牧業統計と聞き取り調査により筆者作成。

図 4–11 はバヤンオボート村におけるヤギの頭数推移を示したものである。図 4–11 から分かるように、1986 年から 1995 年までバヤンオボート村におけるヤギの頭数は大きな変化がなく、平行線を辿っている。その後 1995 年から 2002 年までは急速に増加している。しかし、やはりヤギも 2002 年以後になると急速に減っていく。ヤギはバヤンオボート村のような寒冷な自然環境に適さないものだが、1997 年から実施された「30 年不変」の土地請負制やカシミヤ原毛価格の高騰が、ヤギの頭数が一時急増した理由であると考えられる。ただし、ヤギの頭数が急増したとはいえ、羊の頭数の半分以下に抑えられている。この原因は、ヤギは草の根まで食い荒らしてしまい、草地の回復や自然環境に対する破壊力が大きいからと言われている。このことから、バヤンオボート村の牧民は一定程度自然環境に配慮しながら家畜を飼っていると言えよう。ただし、2006 年頃から顕在化し始めた環境汚染により、ヤギの頭数も急激に減っていった。

さて、図 4–12 はバヤンオボート村における家畜頭数の合計の推移を示したものである。図 4–12 に示したように、バヤンオボート村の家畜は 1986 年から 1995 年まで緩やかに増加していた。その後 1995 年から急速に増加している。その背景には、これまでに指摘してきたようにバヤンオボート村で 1997 年から実施された「30 年不変」の土地請負制があると考えられる。データの不十分さにより、図 4–12 では十分表示できていないが、聞き取り調査によると家畜頭数の増加は 2005 年まで続いたという。

図 4–12　バヤンオボート村の家畜頭数合計推移

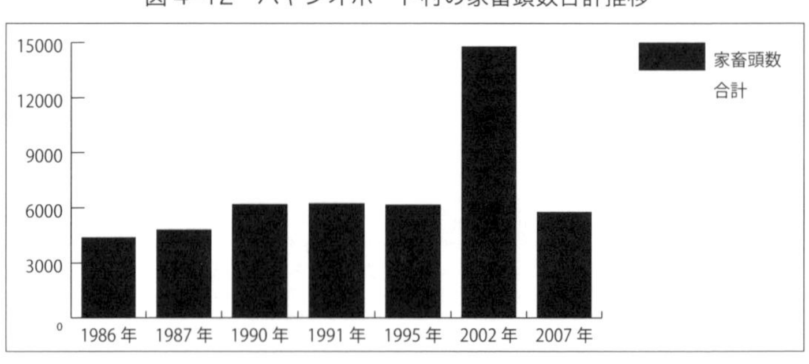

出典：ホーリンゴル・ソムの牧業統計と聞き取り調査により筆者作成。

しかし、2006年頃になると炭鉱開発やアルミニウム工業の稼働による環境汚染の影響が深刻化し、家畜の歯に異変が起こるなどし、バヤンオボート村の家畜は大量に死に、家畜頭数が減っていくことになるのである。今後は、この環境汚染がどのようになるのかが、バヤンオボート村を大きく左右するであろう。

以上見てきたように、バヤンオボート村の家畜構成は大きな変化を遂げている。自然環境の悪化により馬や牛のような大型家畜が急速に減っている。一方、羊やヤギが「30年不変」の土地請負制などにより一時は増加傾向にあったが、近年の環境汚染の悪化によりその頭数が急激に落ち込んでいる。牧民たちは、この地域の自然環境に合わせて家畜を大型家畜から小型家畜へと変えていったが、環境汚染により小型家畜も大きな被害が出るようになった。つまり、牧畜村が隣接する炭鉱都市とどのように向き合っていくのかが問われていると言えよう。

6　バヤンオボート村における自然環境の変化

6-1「砂利採掘場」の設立

1990年代末頃、バヤンオボート村から北へ2キロ離れたところに、ホーリンゴル市の業者が「砂利採掘場」を開設した。この「砂利採掘場」は業者側と村幹部の癒着の産物であり、村人はその恩恵を一切受けていないようだ。しかも、その「砂利採掘場」は正式な手続きを経て設置されたものとは考えにくい。前述のように、2011年5月に漢人が運転するトラックにモンゴル人牧民がひき殺される事件をきっかけに、内モンゴル全土で大規模なデモ[176]が発生した。その際、この「砂利採掘場」の作業も一時期停止していたことが知られている。このことからもバヤンオボート村の北部に設置されたこの「砂利採掘場」が正式な手続きを経ていないと推察することができる。そのため、「砂利採掘場」は管理や設備などの面でも多くの問題を抱えている。

業者側は必要としている砂利だけを運んでいき、それ以外の土を捨て去る。また、必要としている砂利が取れなくなると場所を移動し別の場所を掘り返し始める。このため今後、「砂利採掘場」の面積が拡大していく可能性は高いと言えよう。さらに、柵や塀などの設備がないこの「砂利採掘場」には、家畜の群れがすぐ近くまで行くことがある。採掘によって草原が掘り返されたり、必要とされない土が捨てられた周辺は草が生えにくい。そこを家畜たちが踏み固めることで、牧草地の砂漠化が進行する可能性も否めないだろう。ある村民の話では、あと何年か経つと村が砂漠に覆われるのではないか、と言っていたが、このような懸念も、まったく根拠がないものではない。

さて、このような「砂利採掘場」が、なぜ炭鉱都市ホーリンゴル市内ではなく、バヤンオボート村の中につくられたのだろうか。このような採掘場が無断でつくられることは、モンゴル牧民にとって大問題である。

実は、「砂利採掘場」設置の問題は、バヤンオボート村だけに起こっている問題ではない。隣接の村々にも同様の事例が存在しており、しかも炭鉱開発が開始された当初からこのような問題が存在し、なおかつその一部は現在まで行われ続けているのである。さらに問題なのは、はじめのうちは、炭鉱側が勝手に牧民の牧草地に採掘場を建設していたが、近年では業者と村幹部の癒着によってつくられるようになってきたのだという。これに伴い、村社会の階層化が加速している。また「砂利採掘場」の砂利が、飛び散って砂嵐になり、村民の日常生活にも影響を与えている。ホーリンゴル市などによる「砂利採掘場」の設置に対して、今後牧民たちはどのような対策や対応を行っていくのだろうか。今後の動向を注視したい。

6-2　自然環境の変化

バヤンオボート村は大興安嶺の中腹という自然環境の恵みがあり、ジャロード旗南部地域より降雨量が多い。しかし、1990 年代中頃から干ばつが度々起こるようになり、植生に影響を与え、牧草地が次第に衰退していっている。そのため、村民はオボーを復活させ、オボー祭祀を行い、雨乞いしている。

一方で近年バヤンオボート村では洪水の発生も多くなった。写真 4–3

は洪水に草原の表土が流されることによってできたガリー[177]である。

写真 4–3　洪水によってできたガリー

牧民たちは干ばつや洪水の発生原因を以下のように解釈している。人口増加による牧草地の減少は言うまでもないが、干ばつなどによって植生が衰退し、草原の表土が流れやすくなったからだ。さらに、炭鉱開発を行うために、鉱山では地下水を大量に汲み上げており、それが地下水位の下降に繋がっている。その結果、草原の表土が固くなり、降水が浸透しにくくなっている、とも言われている。

降雨や降雪のパターンにも大きな変化が生じている。雨や雪の降る比率が減少しているが、降ったら豪雪か豪雨になる場合が多くなっている。それが、雪害や洪水などの災害をもたらしている。地球温暖化の影響なども考えられ、地球温暖化が地下資源開発と密接に関係していることも見落すべきではないだろう。

モンゴル高原はもともと水資源が乏しい。そのため、モンゴル人は昔から泉や川の水などを大切にし、泉を祭る習慣があった。ジャロード旗北部の人々が移動放牧を行っていた頃は、ホーリンゴル牧草地の水源地をきれいに保ち、泉を祭りながら利用してきた。

写真 4–4　バヤンオボート村のオボー

写真 4–5　炭鉱都市ホーリンゴル市

しかし、炭鉱都市の建設や人口の増加などにより、泉に都市の水道施設が設置され、自然環境のバランスが破壊されてしまっている。しかも、多くの泉や川などが枯渇しており、わずかに残されたものも汚染が進んでい

る。さらに村民の泉などの自然に対する信仰が薄れてきている。バヤンオボート村の人々が、これまで守ってきた自然との良好な関係は確実に壊れつつあると言えよう。

写真 4–6　ボタ山と石炭を列車に積む様子

さて、炭鉱開発による環境汚染が原因で、バヤンオボート村の家畜に大きな被害が出ていることが分かった。家畜は牧民の生活基盤をなすものであり、当然ながら牧畜業の行方を左右するものである。

この環境汚染は、炭鉱都市と隣接する村に課された大きな課題だと言える。この問題を考えるうえで、炭鉱開発による環境汚染、そして被害状況を十分検討する必要があるが、それは次章に譲りたい。

おわりに

炭鉱都市ホーリンゴル市が建設されたことにより、牧草地がさらに占有される危機に瀕していた。こうした状況の下､牧草地を保護するため､ジャロード旗政府はホーリンゴル市との緩衝地域にバヤンオボート村などを形成させた。それによって、牧草地はある程度保護されたと言えよう。ただし、炭鉱都市ホーリンゴル市の建設により、モンゴル人の地域社会は大きな変容を遂げている。その最たる例が、彼らの生業である牧畜業が、移動放牧から定住放牧へと変化したことである。だが、バヤンオボート村の人々は牧畜業を続け、生計を立ててきた。

現在のバヤンオボート村の環境は優良な牧草地を有するとはいえ、従来の生活環境より標高が高く、気温が大変低い。こうした中、村人たちは牧草地を巧みに利用し、家畜構成をうまく調整しながら生計を立ててきたのだった。たとえば、牧草地を草刈地や放牧地に分けることによる移動放牧の維持、大型家畜から小型家畜への調整などの対策を講じてきた。もっとも、これらの対策は戦略的な行動ではなく、牧民たちが長らく行ってきた「遊牧」生活の中で蓄積された経験であろう。だが、資源開発による環境汚染により生業基盤である家畜に大きな被害が出るようになった。それにより今後、更なる地域社会の変容が予想されている。

一方で、バヤンオボート村とホーリンゴル市の交流は様々な形で行われている。それは日常生活だけに留まらず、牧畜業に経験が浅い者たちの出稼ぎ先として、あるいは村の子供たちの通学先ともなっている。だが、出稼ぎ者はよい生活を求め、そこに行ったわけではない。しかも、そこに何の施策による支援もなく、牧民たちは各々バラバラに自分の生きる道を模索しているに過ぎない。それと相反するように、バヤンオボート村民の多くの者にとって出身地であるチャガンエンゲル村との関係は薄れつつある。

炭鉱都市に近づく者もおれば、炭鉱都市から離れていく者もおり、その選択は各々の利害関係によって決められているように見える。一方で、自然環境の悪化や環境汚染などの影響を受け、無力となった牧民たちは伝統的なオボー祭祀を復活させている。一体これは何を意味するのであろうか。白福英はオボー祭があるからモンゴル文化が残っていると論じたが、むしろモンゴル文化が危機に瀕しているからこそ、オボー祭を行っているのである。

本章では詳しく述べなかったが、被害の状況を頻繁に政府に訴える牧民もおり、炭鉱都市との戦いは続いている。このような戦いの一方で、牧民たちはすでに築かれた炭鉱都市との関係を今後どのように構築していくのだろうか。果たして牧民たちにとって、今後何が必要なのだろうか。その関心は尽きるところがない。

このような状況は、決して内モンゴル自治区ホーリンゴル地域に限られた問題ではないはずだ。同じような状況が、「資源開発」と隣接するコミュニティーとの間で起こっているであろう。本研究が、それらの問題を考える一助となればと、考えている。

【註】

165. 中国の行政区画の編成により、2001年にホーリンゴル・ソムとアルクンドレン・ソムが合併されると同時にアルクンドレン・ソムと改められ、その後の2006年にアルクンドレン鎮となった。そのためここでは、旧ホーリンゴル・ソムと呼んでいる。

166. 中国における資源開発は少数民族地域に限られたことではない。ただし、本稿では異なる文化、異なる民族間に生じる特有の問題について論じており、ここではあえて「少数民族地域」という形で限定した。

167. 筆者がバヤンオボート村に行った聞き取り調査によるものである。

168. 1960年代初頭に通遼市南部のフレー（庫倫）旗から12戸のモンゴル人がチャガンエンゲル村に移住してきた。それが1960年代初頭、中華人民共和国に起こった建国後の最も苦しい3年間と言われている「三年災害」によるものと考えられる。

169. 炭鉱開発が行われるため占有されたホーリンゴルの牧草地に対する補償金はジャロード旗北部4つのソム・鎮のインフラ整備や地域経済の立て直しに使うとしていた。しかし、聞き取り調査によると、当時「通遼市賓館」の建設や旗政府所在地である魯北鎮の街や道路の建設にも使ったと言われている。

170. 筆者がジャロード旗北部地域で行った聞き取り調査によるものである。

171. 筆者がジャロード旗北部地域で行った聞き取り調査によるものである。

172. 内蒙古自治区扎魯特旗档案館所蔵「アルクンドレン・ソム」全宗号（108）、目録号（1）、案巻号（8）、帰档号（7）、分類号（8）。

173. 中国政府は1983年から実施された「聯産承包責任制」（請負制）の請負の期間を1998年から「30年間に延長する」という政策を打ち出した。それにより、農村地域では土地が再分配され、30年間を期限に使用権が与えられた。2003年に「中華人民共和国農村土地承包法」が施行され、農民の土地に対する使用権、賃借権と相続権が保障された。この土地請負制は農民の生産活動を行う積極性を促したとはいえ、「人口が増加しても土地が増えない、人口が減少しても土地が減らない」という原則があるため、多くの矛盾を抱えている。

174. 内蒙古自治区扎魯特旗档案館所蔵「ホーリンゴル・ソム」全宗号（111）、目録号（1）、案巻号（37）、帰档号（7）。

175. モンゴル人はオボーを天地と地域の神々が降りて宿る場所とし、伝統的に祭祀を行ってきた。その際、牛、羊などの生畜またはその肉、乳製品やその他を供え、五畜などの豊饒、息災やその他を祈り、雨乞いする。同時にオボー祭りを行い、モンゴルの伝統的競技である競馬、相撲、弓射を奉納する。しかし、近年オボー祭祀を行わないで、ナーダム祭だけを行う家庭や村が増えているという。これはいったいなぜなのであろうか。今後の課題としたい。

176. 『朝日新聞』2011 年 5 月 28 ～ 31 日、6 月 3 日。

177. ガリーとは、侵食の形態の 1 つで 、谷頭侵食とも呼ばれることもある。水が流れることで岩や表土などが浸食してできたV字型状の溝。

第５章
牧草地紛争から見る地下資源開発

はじめに

炭鉱開発により、草原の真ん中に炭鉱都市ホーリンゴル市が建設された。それをきっかけに、ジャロード旗北部の地域社会は大きく変容した。つまり、牧草地の保護を目的に炭鉱都市ホーリンゴル市との緩衝地域に定住型の村々を建設した。このことはすでに詳しく述べてきた。そして、このようなモンゴル牧民の行動は、いわば炭鉱都市に自ら近づいていったとも言える。

この地下資源開発を行う際に最初に行われることが、牧民の牧草地を占有することである。このことも繰り返しとなるが、牧草地は牧畜業を営むモンゴル牧民の生活にとっては、かけがえのない存在である。この牧草地の重要性は早くから知られている。例えば、アメリカの地理学者オウエン・ラティモアは、モンゴル遊牧民が17、18世紀頃から積極的に行われるようになった農耕化によって追い詰められ、牧草地を失うことで極貧の生活に転落していく状況を記しており、牧民にとっての牧草地の重要さを指摘している[178]。あるいは、田中克彦は牧草地に大挙して侵入し、牧草地を占拠して草をはぎとる漢族は、「遊牧民」の生活の原理そのものを破壊する、妥協の余地のない敵であったと力説している[179]。このようにこれまでの研究者たちは、牧民にとっての牧草地の重要性を農耕化の過程において繰り返し指摘している。

資源開発がブームとなっている現在、資源開発側による牧草地の占有はどのような方法で行われているのか、そして、牧民たちは如何に対応しているのか。少数民族社会の今後を左右するほどの大規模な地下資源開発が行われている現在、牧草地の重要性を再確認する必要があると考えている。さらに、その牧草地が資源開発によって占拠されるだけではなく、農業開発より遥かに深刻な環境権の独占という形で、モンゴル牧民の生活に影響を与えているのである。

炭鉱都市ホーリンゴル市の建設過程においてジャロード旗北部地域の広大な牧草地が開発側に占有されたことはすでに繰り返し述べてきた。一般的には、資源開発は当該地域に暮らす人々の生活を向上させるものと考えられている。中国政府も少数民族地域の経済成長をはかるという目的を前面に出して、地下資源開発を進めている。しかし、実際は石炭の発見から現在まで牧草地紛争は絶え間なく起こっている。ホーリンゴル市の周辺地域の牧草地も同様に土地紛争が絶えない。特に近年、炭鉱開発の拡大化や発電所、アルミニウム工場の稼働などにより、炭鉱都市ホーリンゴル市がこれまで以上に膨張し続けている。中国の少数民族地域における資源開発の在り方はこのままでいいのだろうか。今後の在り方が問われていると言えよう。

さて、先にも触れたように、この地域のモンゴル人はホーリンゴル市のことを「ノゴ―ンホト」(緑城) と呼び、この地域がいかに緑豊かな土地であったかを今に物語っている。しかし、現在の「ノゴーンホト」の実態は、炭鉱開発のために大規模に移住してきた漢族が圧倒的多数を占める工業都市である。そして、この炭鉱都市が周辺の牧民との間に土地紛争を引き起こしている。

本章では、炭鉱都市ホーリンゴル市の建設過程における土地紛争を中心に検討を行い、中国の少数民族地域で行われている地下資源開発の持つ意味を再確認し、膨張し続ける炭鉱都市ホーリンゴル市と牧草地の占有により次第に衰退していく牧畜地域社会の構造を明らかにしたい。

1　炭鉱の探査時期における漢族とモンゴル族の対立

ホーリンゴル炭鉱の探索を行っていた1950年代末から地質調査隊と牧民の間に牧草地をめぐるトラブルが起こっていた。第2章でも触れたが1959年5月の内モンゴル自治区地質局フルンボイル地質分局第一地質大隊ホルチン右翼中旗分隊の地質調査隊員の回想録によると、石炭を発見し測量を行っていたその時、馬に乗った２人のモンゴル人が疾走して地質隊のテントに近づき、怒りながら鞭で指して叫んだのだという[180]。

「大地を掘ってはいけない、埋めてくれ。羊が落ちて死んでしまう。もし羊が死ぬようなことがあったら、あなたたちから賠償金をとるぞ。今後、大地を掘るならば、本当に許さないからな」（訳 包宝柱）。

そう怒鳴ると、地質調査隊員の説明に聞く耳も持たず大きな口論となり、そしてその場を去って行ったという。

これでこの事件は終わらなかった。地質調査隊員が「私たちは牧民と衝突を起こしてはいけない」と考え、荷物を片づけて撤退する準備を始めた。ところが、まもなく馬に乗った地元の19人のモンゴル人牧民が地質調査隊のテントが建てられていた跡地にまでやってきて、彼らは山の方に去りゆく地質調査隊員に罵声を浴びせ続けたのだという[181]。

以上の回想録から察するに、地元のモンゴル人牧民たちは、地質調査隊による掘削調査や測量などの行為すら許すことができなかったことが分かる。このことはモンゴル人が牧草地を保護するという彼らの民俗的な環境思想に基づいた反発であった。あるいは、長年モンゴル民族が農耕化にさらされたという歴史の中で形成された、漢民族への「民族的不信」の表れだとも考えることができる。

第２章で述べたホーリンゴル炭鉱における生産建設兵団および民兵団の炭鉱労働者化による漢民族の流入は、地域住民であるモンゴル牧畜民との民族対立を生みだした。民族対立が起こるプロセスは、資源開発とモンゴル人の土地に対する伝統的価値観との対立という形で立ち現われた。土地を巡るモンゴル人の伝統的価値観は、土地を耕す農耕民に対する「嫌悪」はもとより、さらには土地を大規模に掘り起こし荒廃、汚染させる資源開発に対しても不満があった。こうした土地の利用形態をめぐって発生した対立について、田中克彦は次のように述べている。

本来、遊牧民たるモンゴル人は、異族と異文化のあいだに和解しがたい軋轢をまずもって経験した地域は、内モンゴルの草原地帯に漢族農耕民が侵入してきたときであった。

モンゴルやチベットの遊牧草原地帯は、外から鍬や犂を入れることに耐えられない、外傷にたいしてきわめて敏感な地帯である。そこはひとたび表皮の草がはぎとられると数年、いなそれ以上も回復がのぞめない。何よりも、ほとんど天水を期待できない乾燥地帯だからである。ソビエト時代に、それを機械力で開拓し、飛行機で種をまいて、コンバインで収穫をねらう大規模な機械化農業を導入したモンゴルでは小麦は自給できただけではなく、輸出国に転じたと成果を誇ったが、その後ソ連邦が崩壊したあとは見渡すかぎりの荒蕪の地が残される結果となった。

同様なことが、東部内モンゴルでは、とりわけ強い農耕化が進んだ。…（中略）…そのとき以来、今日まで続く、モンゴル人のほとんど「民族的性格」の一部にまでなった漢族への民族的憎悪が形成されたのである。（田中克彦 2002：80）

総じて、農地開発や資源開発のいずれも、漢人がモンゴル人の牧草地地帯に侵入してくるという構造は変わらない。しかし、資源開発による漢人の侵入に対するモンゴル人の反発はこれまであまり表面化してこなかった。もちろん、中国当局による情報統制という側面もあるだろうが、それだけではない。その理由として考えられるのが、開発の担い手が当初生産建設兵団という中国の中央政府直轄の軍隊式組織であったことである。モンゴル人たちが中央政府や軍隊との直接衝突を嫌い、資源開発による対立が表面化しなかった蓋然性が高い。もし、そうだとすれば、中国政府が少数民族地域支配のために軍隊組織を用いたことが功を奏したことになるとも考えられよう。

2　炭鉱都市ホーリンゴル市建設前後における牧草地紛争

2-1　ホーリンゴル市建設前の牧草地紛争

第3章で述べたように、炭鉱都市ホーリンゴル市が建設される前の1980年代初頭、ホーリンゴル市をめぐる論争が頻繁に行われていた[182]。ホーリンゴル炭鉱は多くの人々、とりわけモンゴル人知識人の間でも大きな関心事となっていたと言えよう。

次に、ホーリンゴル市が行政都市として誕生する直前のジャロード旗北部の状況を文献資料から紹介したい。次の資料は、ウランハダ・ソムのホーリンゴル夏営地弁公室によるホーリンゴル炭鉱区、ウランハダ・ソム、ホルチン右翼中旗の辺境の状況及びそれに関わる業務に関する報告書(原文は添付資料7を参照)である。

> 我がソム党委員会とソム人民政府は今月10日に会議を開き、85年下半期の業務の分担などを中心に検討を行った。その結果、ソムの役人を2つの組に分けることになった。第一課(原文では「組」)はソム政府所在地に置くこととし、第二課はウリジ(烏力吉)、ジルヘ(珠日和)などの8人で、ホーリンゴルにあるウランハダ・ソムの夏営地弁公室に、勤務することになった。夏営地弁公室とは主に辺境や牧草地を保護し、牧畜業の調査などの業務を行う事務室である。
>
> ホーリンゴル夏営地に勤務する者たちは11日にホーリンゴルに着任した。すると、さっそく夏営地弁公室から東6～8華里[183]離れた場所に一部の人々が駐屯しているとの情報を得た。そこで、私達は直ちに旗民政局の局長とともに情況を調べるため、現場に赴いた。調査の結果、彼らは自らを鉄道部十九工程公司の所属だと言い、ホルチン右翼中旗の旗長とホルチン右翼中旗のバラゴン・ジリム(西哲里木)の同意を得ており、ここがホルチン右翼中旗の放牧地帯であると認識しており、そのうえで開墾を行っている、と言うのだ。彼らの話を聞き、我々は強い怒りを感じずにはいられなかった。ホ

ルチン右翼中旗の人々は、あまりにも我々を馬鹿にしている。彼らはすでに我々の多くの土地を横領し、さらなる侵入活動を行っている。そして荒唐無稽な理屈を用い、我々の土地における生産活動を他人に許可している。この場所は、我々が昔から放牧し、遊牧を行ってきた地域であることを、開墾活動を行っている者たちの責任者に対し、厳しく説明した。貴方達がここで居住し、生産活動を行うことを我々の牧民達は絶対許さない。牧民達は、貴方達が即刻撤退することを求めており、もしそうしていただけない場合は、我々の牧民たちはほかの対抗措置を取る、と思われる。今のところ、我々が牧民達をなだめている。貴方達がホルチン右翼中旗の出した許可を信じるならば、ただちにホルチン右翼中旗に行き、このような事情を述べるべきであろう。もしこの場所から退去しない場合、予想外の情況や問題が発生することも考えられるが、その際我々はまったく責任を負うことはできないと述べた。

この事例以外に以下のようなことがあった。ジリム盟のホーリンゴル炭鉱区との間ではホーリンゴル川を境界とすることをすでに提起しており、それ以外の牧草地では開墾や野菜栽培、あるいは農業などを行ってはならないことになっている。しかし、ホーリンゴル地方弁公室や農牧林水利局は、ホーリンゴル川から南の牧草地もホーリンゴル炭鉱に属する、と主張する。ところが、林東やオーハン（敖漢）旗からの12人の者たちが、我々の夏営地弁公室から西北約2華里離れた牧草地において野菜栽培を行い始めた。彼らの土地は、300ムーもあり許可も得ているという。このような情報を得た我々は、直ちに彼らに状況を説明し、開墾を取りやめ、すでに開墾した牧草地には草を植えるように要求した。ところが、彼らは許可書があると主張する。それも農牧林水利局の局長が許可したものを彼らは所有していた。我々は、ここは我々の牧草地であり、農牧林水利局が許可する権利がないことを説明し、3日内に撤退するよう求めた。しかし、彼らは私達の要求に耳を貸さず引き続き開墾を行い続けた。そのため、我々は3日目にあたる日に牧民を動員して、

1台の車をチャーターし、彼らの農機具を全て没収するとともに家屋を壊すことにした。そのうえ、我々は誰一人として我々の牧草地を開墾しようとすることを許さず、もし開墾したものなら元通りにしてもらうために草を植えてもらうという旨を、彼らを通して農牧林水局に伝えさせた。我々が行ったこのような方法は、牧民たちから支持を得た。そして、その後もこの牧草地は昔から我々のものであり、破壊することを絶対に許すことはできない。この牧草地は我が旗の牧畜業を成長させるうえでも不可欠な場所であり、我々はいかなる手段を用いてもここの牧草地を保護するということを、我々に断りなく牧草地で生産活動を行う人々に伝えることができた、と言える。しかしながら、我が旗の幹部たちの中にはあまり我々の行動を支持しない者もおり、それどころか林東などの牧草地を開墾しようとする者たちに便宜をはかるなどし、さらには我が夏営地弁公室の東北約150メートルのところに砂利採掘場の開設までも許可した。このようなことを、我々は理解することができない。我々はもし原住民以外のよそ者がこの地に一歩でも入ることを許せば、それが長期にわたることになり、彼らがこの地に根を下ろすことに繋がると考えている。そのため、我々は彼らが一歩でも足を踏み入れることを許してはならない。したがって、現在の情況を上級機関に報告して、彼らの決定を待つと同時に、彼らが我々に支持協力をしてくれることを期待している。現在、ホルチン右翼中旗は未だに拡張を続けており、我々はいつか彼らに対して一度大規模な反撃を行うつもりでいる。我々は決して外からの侵入や、内部の者によるほかの者たちへの生産活動の許可を許すことができない[184]（訳 包宝柱）。

ウランハダ・ソム駐ホーリンゴル小組
1985年5月18日

この資料からまずホーリンゴル夏営地弁公室の建設目的が、牧草地の保護や管理及び牧草地への侵入者や生産活動を行う者たちの排除であったことが見て取れる。そして、この夏営地弁公室が建設された時期、資料の中にあるようにジャロード旗北部地域では土地紛争が頻発していた。そして、ちょうどこの時期はホーリンゴル炭鉱が本格的に稼働し始める時期でもある。ホーリンゴル炭鉱による土地紛争の頻繁さや重大さが上記の資料から分かる。

さて上記の資料をよく読むとホーリンゴル炭鉱の開発による鉄道建設関係者も登場する。ウランハダ・ソムとホーリンゴル炭鉱区の土地紛争は、炭鉱関係者による牧草地の農業利用や野菜の栽培などだけではなく、炭鉱の大規模化がその背景にあることを表わす事実であると言える。そして、これらの「牧草地侵入者」たちはいずれもどこかの機関などから許可を得て、ホーリンゴル牧草地に入植している点も見逃してはならない。つまり、ジャロード旗の役人たちとは異なる公的立場の者が、炭鉱開発の拡大や牧草地の占有を後押ししているのである。そして、この公的立場の者がより権力を持つ者の場合、いくら現地の牧民の支持を得ていても、旗の役人たちにはどうすることもできないことだろう。この資料では、最終的には上級機関への陳情を行い、解決をはかろうとしている。

また、ジャロード旗の幹部の中にもホーリンゴル炭鉱と癒着している者の存在が指摘され、批判されている点も興味深い。この癒着に関しては、すでに指摘したが、1980年代には旗政府内にこのようないわゆる「腐敗幹部」の存在が、この資料から確認できることになる。

すでに述べてきたように、ジャロード旗政府は牧草地を守り、牧畜業の衰退を防ぐために夏営地弁公室の建設やアルクンドレン・ソムを新たに設置した。その後、1985年にさらにホーリンゴル・ソムを設置して、多くの人々を移住させた。その背景にも以上のような土地紛争があったのである。

2-2 「石採掘場」の設立による対立

ホーリンゴル炭鉱の開発が許可されたことにより、「霍林河鉱区建設指揮部」は炭鉱開発を順調に進めるため、炭鉱の設備や建築物の建設に着手した。その関係で、1970年代末頃から第4章で述べたバヤンオボート村から東南に2.5キロ離れた岩石の上に「石採掘場」がつくられた。ホーリンゴル炭鉱区側からすると、モンゴル牧民は夏にしかこの牧草地に姿を現さないので、比較的自由に占有しやすかった、と考えられる。当時、この地域がウランハダ人民公社の牧草地であったため、人民公社管理委員会は1980年に4つの世帯を移住させて「石採掘場」を管理させ、石をホーリンゴル炭鉱区に販売し始めた。つまり、「石採掘場」は当初ウランハダ人民公社所轄の「社隊企業[185]」としてつくられたのである。その後、改革開放政策時代となり、「石採掘場」は「郷鎮企業」へと姿を変えていった。そして現在では、「石頭場」と呼ばれている。

写真5–1 「石採掘場」の跡

「石採掘場」はつくられた当初、労働力を増やすため、さらにウランハダ・ソムのバヤンゲル（白音格爾）村から5、6戸の牧民を雇い、移住させたという。彼らのような移住世帯の特徴としては、保有する家畜頭数が比較的に少ない牧民であったと言われている。しかし、そのような彼らも石を採掘するという作業に慣れなかったためなのか、しばらくすると採掘場の仕事を辞め、帰ってしまったそうだ。採掘場側はこうした事情とさらなる

事業拡大のために、臨時的雇用労働者やジャロード旗以外の地域からの移民を受け入れることになった。移民としてこの採掘場に来た人々は、同じ通遼市に属するフレー（庫倫）旗、ナイマン（奈曼）旗、ホルチン左翼中旗、開魯県などの農耕化した地域からの者が多かったようだ。「石採掘場」の労働者は、ピーク時に300人に達したと言われている。その背景には着々と進められていた炭鉱都市ホーリンゴル市の建設があったと考えられる。「石採掘場」の膨張に伴って、1984年に「石採掘場」の周りにテメゲンフジュウト（駱駝脖子）村が形成され、戸数は立村当時20戸に達していた。テメゲンフジュウト村の人々の中には、牧畜を営みながら「石採掘場」に労働者として働く者もいたようだ。しかし、ホーリンゴル市が行政都市になると、石材の需要が一気に減少してしまう。そして、1990年代初頭に石掘り作業を停止し、テメゲンフジュウト村の人々はその場に留まり、牧畜と農耕を営んで生活を送るようになった。

しかし、テメゲンフジュウト村から企業が完全に姿を消したことで新たな問題を抱えるようになった。その最たるものが、牧草地の紛争である。まずは、このホーリンゴル牧草地の原住民とも言えるバヤンオボート村など近隣の牧民たちと、炭鉱関連企業労働者として移住してきたテメゲンフジュウト村民との間の土地紛争である。聞き取り調査によると、2005年頃に激しい衝突までに発展したという。また、テメゲンフジュウト村内で起こっている土地紛争も存在する。ホーリンゴル市や鎮・ソム政府の幹部の中には、親類などをテメゲンフジュウト村に移住させる者がいた。1996年の「30年不変」の土地請負制が実施されると土地の分配基準に関して、一般の村民と政府関係者を親類とする村民の間で対立が生じるようになった。その結果、土地の分配はいまだに行われておらず、訴訟沙汰になっている。このように、都市社会と隣接する牧畜社会は激動の中で生きており、次々と新たな問題に直面しているのである。

3　炭鉱都市ホーリンゴル市の膨張による牧草地の動向

3-1 「霍煤希望小学校」の設立

「霍煤希望小学校」はウランハダ・ソムのチャガンエンゲル村にある小学校の名前である。チャガンエンゲル村は第4章で論じたバヤンオボート村の村民がもともと暮らしていた村であり、ホーリンゴル市から100キロも離れている。しかし、炭鉱都市ホーリンゴル市とチャガンエンゲル村も無関係とは言えない。両者の間には、幹部との「癒着」を通した関係性が存在する。

ホーリンゴル市の農牧林水委員会は、1992年にチャガンエンゲル村の北部の牧草地を開墾して、農業開発を行った。開墾面積が4,000ムー規模で1997年まで農産物を栽培していたのである。さらに、1994年には今度は南部の牧草地も開墾し、農業を始めた。開墾規模が2,000～3,000ムーに達しており、2年間農産物を栽培した。これらの牧草地の開墾や農産物の栽培は村幹部との間で決められたことであり、一般の村民に補償金などは一切支払われていない。そのため、チャガンエンゲル村の人々はホーリンゴル市の農牧林水委員会や村幹部に対して反発が生じたようだ。それを受け、1998年にホーリンゴル市の農牧林水委員会がチャガンエンゲル村に「霍煤希望小学校」や村民委員会事務室を建設することが決められた。この決定は、これまで村の牧草地が農業に用いられたことに対する賠償金の代わりだったと言われている。このことは、ホーリンゴル市の無償支援によって建設された小学校の名前に最も象徴的に表れている。「霍煤希望小学校」の「霍」の字は「ホーリンゴル(霍林郭勒)市」の頭の文字であり、「煤」という文字は漢語で「石炭」を意味する。したがって日本語にすれば「ホーリンゴル石炭希望小学校」となる。ただし、2000年代に入り、中国政府による学校の統廃合の結果、「霍煤希望小学校」は廃校となった。

このようにホーリンゴル市やその関係業者は、ホーリンゴル市と隣接する村々だけではなく、広い範囲まで影響を与え、干渉していることが、このチャガンエンゲル村の例を通じて明らかになった。しかも、炭鉱関連産業だけではなく、農産物の栽培をも積極的に進めていた。なぜ、彼らがここまでして農産物の栽培を行っているかについては、チャガンエンゲル村民の話によると、1990 年代初頭に降水量が豊富であって農業から多くの収入を得ていたのだという。そのため、お金を比較的に多く持っているホーリンゴルの政府機関や個人が牧畜地域の広い牧草地で広面積の農業を行い、その中から多くの利益を得ていたと言えよう。いずれにしても、ホーリンゴル炭鉱は、隣接する地域のみならず、多くのモンゴル人の地域社会に影響を与えているのだ。

写真 5–2　廃校となった「霍煤希望小学校」

3–2　近年のホーリンゴル市周辺における牧草地紛争

牧草地は家畜に頼って生活を送っているモンゴル牧民にとって欠かせない存在である。しかし、ジャロード旗北部地域では、炭鉱都市ホーリンゴル市が完成した後も、工業化や炭鉱関連企業の増加によって牧草地の占有が拡大し続けている。

ハラガート（哈拉嘎図）村は、ジャロード旗北部アルクンドレン鎮（旧ホーリンゴル・ソム）所轄の牧畜村である。ホーリンゴル市と隣接しているため、ホーリンゴル市の膨張、つまり工業化の進展に伴い、ハラガート村の牧草地も次々と占有されている。表5–1は近年のハラガート村における企業による牧草地の占有状況を示したものである。「魯霍（魯北ホーリンゴル）公司」は2004年に石炭開発のためハラガート村の4,050ムー面積の牧草地を占有したが、牧草地の補償金を38.46％しか支払わなかった。また同年に、「霍煤（ホーリンゴル石炭）集団公司」はダム建設のため、2,300ムーの牧草地を占有したが、牧草地の補償金を同じく38.46％しか払わなかった。さらに「通霍（通遼ホーリンゴル）鉄路公司」も2005年に511ムーの牧草地を占有したが、補償金をやはり38.46％しか支払っていない。2006年に「億誠公司」は7,638.18ムーの牧草地を占有したが、56.7％しか補償金を支払っていない。2008年、「鋁電公司」はさらに広い15,275．63ムーの牧草地を占有したが、まだ補償金を満額支払うことはなく、64.16％の支払いしか行っていない。なお、以上の牧草地の補償金算定額は「中華人民共和国土地管理法」第四十七条の規定に基づき計算したものである。その内容は、徴用された土地はもともとの使用目的に沿って補償する、とされている。牧草地の補償金には、牧草地の土地そのものの補償金や移転費用、牧草費などが含まれている。牧民たちは2006年の場合1ムー牧草地の補償金を2,050元と計算し、2008年の場合1ムー牧草地の補償金を3,000元と計算している。

これ以外に、「石採掘場」の建設やアスファルト道路の敷設、鎮政府などによる牧草地の徴用が頻発している。

表5–1　ハラガート村における企業による牧草地の占有状況

年代	企業名	占用地面積（ムー）
2004	魯霍公司	4,050
2004	霍煤集団公司	2,300
2005	通霍鉄路公司	511
2006	億誠公司	7,638.18
2008	鋁電公司	15,275.63

出典：村民が提供した資料に基づき筆者作成。

また、「中国大唐集団公司」の「扎魯特分公司（ジャロード分社）」が風力発電機設置のため、ハラガート村の牧草地を占有し、牧草地の補償金を支払った。ところが、実際に占有した牧草地面積と補償金の対象となった牧草地の面積が異なっており、そのため、一部の牧草地が補償金の対象から外れることになった。そのうえ、この公司の風力発電機設置の際に安全措置が不十分であったため、2010年9月21日午後1時過ぎ頃、1台の風力発電機から突然出火し、ハラガート村の4世帯の牧草地が全焼した。焼けた牧草地面積は2,000ムーに達し、およそ計20万キロの牧草がなくなった。経済的損失は約20万元を超えると言われている[186]。そのため、4世帯の牧民は「中国大唐集団公司」との間で賠償金交渉が何度も行われているが、結局折り合いはつかず賠償金の支払いは行われていない。牧民たちは、このような状況を鎮政府に何度も陳情しているが、未だ返答がないのだという。

これらの企業は殆どの場合、牧民には何の断りもなく先に牧草地を占有しており、これに対し牧民の反発を受け、その後補償金等の交渉手続きが行われるようになっている。このため、牧民と企業側の間にトラブルや衝突が発生しやすい。

たとえば、2006年6月頃から「億誠公司」は、ハラガート村の牧草地で石炭採掘を始めた。そこで6月18日に村の十数人のモンゴル牧民が、石炭採掘作業の中止を求め抗議行動を行った。これに対し「億誠公司」は暴力を用いて、牧民を排除した。その際、多くの牧民が負傷し、内8名が入院を要する重傷を負った。「億誠公司」は慰謝料どころか入院費用治療費など一切の支払いに応じることなく、すべて牧民自らが負担したのだという。

上述のように近年でも牧草地の占有や牧草地の補償金の問題が多数発生しており、牧民たちは幾度にもわたり旗や鎮政府に陳情している。しかし、旗や鎮政府は十分な問題の解決策を講じないどころか、牧草地補償金の一部は旗・鎮政府のものだ、と主張する有様である。中には、補償金問題は地方政府とすでに解決済みだと報告する企業まで存在している。そもそもハラガート村の牧草地は、1997年から実施された「30年不変」の土地請負制により30年間の使用権が、牧民に保障されている。そのため、企業や関連会社は、占有した牧草地の補償金を支払うべき相手は、地方政府ではなく、牧草地の使用者である牧民であるはずだ。だが、現在のところ、この問題の解決の糸口は見えていない。

先にも述べたようにホーリンゴル炭鉱の探査が始まった頃から、モンゴル牧民との間に土地紛争は存在していた。だが、近年になっても牧草地の占有は続いており、これに伴い未解決の土地紛争が次から次へと増えている状況である。しかも、土地紛争の形態も多様化してきており、ますます複雑化してきた。中には暴力沙汰にまで発展するケースさえある。本章で見てきたように、牧民たちの利益や権利は、膨張し続けるホーリンゴル炭鉱関連企業によって「略奪」され、彼らの生活状況は悪化の一途をたどっている、と言える。それに相反するように、企業側は地方政府と癒着するなどあらゆる手段を使って肥大化している現状がある。

おわりに

中華人民共和国が樹立されて以来、中国政府は「民族平等」と「民族団結」を、少数民族政策の原則としてきた[187]。そして、少数民族地域における地下資源を開発する際にも、「民族団結」というスローガンが多用された。ホーリンゴル炭鉱の開発を順調に進めるうえでも、「民族団結」のスローガンが多用され、モンゴル族の反発を抑えようとした、と考えられる。何度も述べてきたように、ホーリンゴルの牧草地は、もともとジャロード旗北部のモンゴル人が家畜を放牧し夏営地として利用していた場所である。そのため、生活の基盤である牧草地を保護することは、モンゴル人にとって何より重要なことであった。そのため、炭鉱調査の時点から、地質調査隊による草原に穴を掘るなどの行為に、モンゴル人は反発してきた。その後、漢族が多数を占める生産建設兵団や民兵団による炭鉱開発やその後の炭鉱都市ホーリンゴル市の建設の過程において、漢族とモンゴル族の対立は繰り返された。特に、炭鉱都市ホーリンゴル市の誕生からジャロード旗とホーリンゴル市の境界線が確定される1992年までは、漢族とモンゴル族の対立が激しかったと聞く。さらにホーリンゴル市という行政単位が誕生後、ホーリンゴル牧草地はジャロード旗のモンゴル牧民の牧草地であるという認識が薄くなり、周辺のモンゴル族に対する配慮が減っていったようだ。しかしそのことによって、広大な面積の牧草地が占有されたモンゴル族の怒りは頂点に達したと言えよう。したがって、中国政府にとって「民族団結」というスローガンはさらに重要となっており、モンゴル族の反発を抑え込むためには欠かせないものだと言える。

ただし、その際牧草地が占有されたことに反発を強めるモンゴル族が、「民族団結」の阻害者としてみなされる恐れが存在する。つまり、「民族団結」というスローガンによって、モンゴル族の利益や権利が棚に上げられてしまう危険性を孕んでいる。そうして、モンゴル牧民による反発は「規制」の対象となり、一方の中国政府あるいは炭鉱開発側によるわずかながらのモンゴル牧民への支援行為が、「民族団結」に沿ったものとして大きく宣伝されていくことになるのだ。

本章で詳しく述べなかったが、ホーリンゴル炭鉱の開発過程において、炭鉱側が支援を比較的積極的に行った地域は旧ホーリンゴル・ソム政府の所在地に当たるメンギルト村である。この炭鉱側の支援行為に対し、感謝の気持ちを伝えるため、ホーリンゴル・ソム政府は1993年に政府機関の敷地内に、「民族団結記念碑」と書かれたモニュメントを建てた。その裏側には、炭鉱関係機関の支援によって行われた送電設備、水道設備、橋や病院などの建設への感謝の意が記されているらしい[188]。つまり、炭鉱側はメンギルト村を支援することで、炭鉱開発という行為が「民族団結」の1つである、というシンボルを創り出したことになる。このシンボルを用いて、「民族団結」は宣伝される。

新聞やメディアにおいても、漢民族とモンゴル族の友好関係を強調する記事が目立つようになった。それらの記述の中には、明らかに事実に反するようなことが書かれたものもある。たとえば、1985年にホーリンゴル・ソムが設立されたことを、牧民たちがホーリンゴル炭鉱の開発を支援するために行われた行動だと書かれた記述がある[189]。しかし、第3章で論じたように、ホーリンゴル・ソムの形成は決してホーリンゴル炭鉱の開発を支援するためのものではなく、牧民たちがホーリンゴルの牧草地を守る目的で緩衝地帯として形成されたソムである。つまり、中国政府や中国共産党の支配下に置かれている新聞や雑誌は、お墨付きを得るため、事実を曲げてまでも「民族団結」を主張しているのである。

近年、ホーリンゴル市ではモンゴル族の文化を利用した観光開発が盛んに行われている。これにも当局による漢民族とモンゴル族の団結を宣伝する狙いもあるようだ。だが、これまで論じてきた通り、ホーリンゴル市の炭鉱関連産業は膨張を続けており、これによってモンゴル牧民の利益や権利が「略奪」されているのである。

ホーリンゴルにおける土地紛争は後を絶たず、しかも形態が多様化し、ますます複雑になってきた。特に牧草地の補償金や賠償金をめぐってトラブルが多数発生していることは、本章で論じたとおりである。そのうえ、牧民たちは地方政府に陳情しているものの、有効な解決の目処は立っていない。それどころか、モンゴル牧民の利益や権利が炭鉱関連企業によって次々と奪われ、生活状況も次第に弱体化している状況にある。それに反して、炭鉱関連企業は地方政府と癒着するなどし、ますます肥大化していっているのだ。本章で論じたような炭鉱都市ホーリンゴル市の膨張と周辺のモンゴル人牧民による牧畜社会の衰退を、どのように捉えればいいのだろうか。今後の少数民族地域における地下資源開発の在り方が問われていると言えよう。

【註】

178. オウエン・ラティモア著、後藤富男訳（1934）『満洲に於ける蒙古民族』善隣協会。
179. 田中克彦（2002）80～81頁。
180. 政協霍林郭勒市委員会編（2001）7～8頁。
181. 政協霍林郭勒市委員会編（2001）8頁。
182. 内蒙古自治区民族研究学会編（1980）41～42頁と『人民日報』1980年9月5日など。
183. 1華里は0.5キロメートルに相当する。
184. 内蒙古自治区扎魯特旗档案館所蔵「ウランハダ・ソム」全宗号（109）、目録号（1）、案巻号（18）、帰档号（10）。
185. 人民公社や生産大隊が経営する企業を指す。
186. 村民が提供した資料によるものである。
187. 王柯（2005）182～183頁。
188. Daiqin/Tana(2007)44頁。
189. Daiqin/Tana(2007)44～45頁。

第６章
地下資源開発による環境汚染

はじめに

中国経済の急成長に伴い、炭鉱都市ホーリンゴル市も膨張し続けている。これに伴いホーリンゴル市の人口もますます増加し、出稼ぎ労働者を含めると総人口が10万人になっている。また、炭鉱開発の拡大化や発電所、アルミニウム工業の稼働などにより、炭鉱都市の経済が年々成長し続けている。その一方で、ホーリンゴル市の周辺で生活するモンゴル牧民たちの家畜頭数が年々減っている。家畜の存在が生計の拠り所となっているモンゴル牧民にとっては、苦境にさらされていると言っても過言ではない。その背景に存在する問題が、炭鉱開発の関連産業などの工業活動による環境汚染である。急激な経済成長の陰で、進行する環境汚染などの公害問題は、人々の生活や健康、さらにその生存まで脅かす可能性がある。かつて日本の高度経済成長期でも、環境汚染が原因である公害病が社会問題化した。そして、今現在、本研究の対象地域である炭鉱都市ホーリンゴル市やその周辺地域でも、環境汚染による被害が多発しているのである。

そして、この環境汚染の被害者は優良な牧草地が次から次へと占有されていく、ジャロード旗北部のモンゴル人牧民である。その中で、特に炭鉱や発電所、アルミニウム工場などからの噴煙による大気汚染、工場廃液による河川汚濁や悪臭などの被害が深刻だ。現在のところ、これらの環境汚染により、牧民の生活基盤である家畜への甚大な被害が出ている。また今後は、牧民への直接的な健康被害も懸念されよう。

本章では、炭鉱開発やその関連企業の操業拡大による環境汚染、そしてそれによる家畜の被害の実態を中心に論じる。そして、拡大の一途をたどる炭鉱都市ホーリンゴル市と、対照的に環境汚染によって次第に衰退していくモンゴル牧民が暮らす地域社会の構造を明らかにしたい。

1　地下資源開発による人口増加と経済成長

1–1　炭鉱開発による人口増加

ホーリンゴル市では漢族の人口割合が最も高く、次いでモンゴル族人口が多い。図 6–1 はホーリンゴル市における 1985 年から 2007 年までの、漢族とモンゴル族の人口推移を示したものである。ホーリンゴル地域はもともとモンゴル族が移動放牧を行っていた牧草地であったが、ホーリンゴル市設立当初から漢族人口が非常に多いことが図 6–1 から分かる。ホーリンゴル市誕生建設時、市の人口がすでに約 3 万人に達しており、そのうち漢族が 24,528 人で総人口の 82％を占め、モンゴル族は 4,398 人で総人口の 14.7％にしか過ぎなかった[190]。

図 6–1　ホーリンゴル市における人口推移

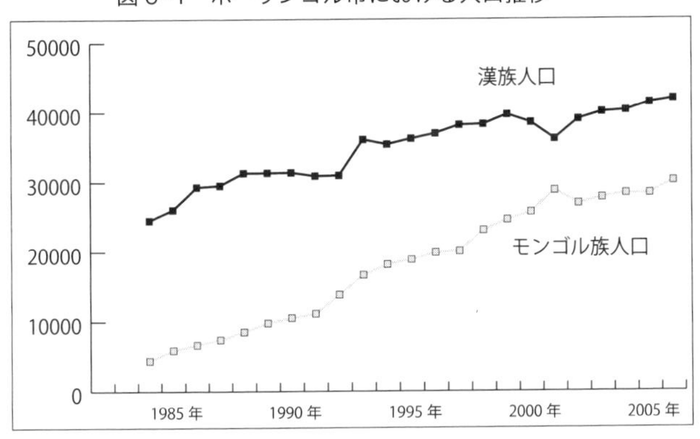

出典：『霍林郭勒市統計資料彙編』（1985 ～ 2004）と
『霍林郭勒市統計年鑑』（2007）に基づき筆者作成。

漢族の多くは炭鉱開発に伴い、内モンゴルと隣接する吉林省の遼源、舒蘭、通化、蛟河、営城、杉松崗の 6 つの鉱区や吉林省軍区、ジリム盟（現通遼市）の各地などから集められた人々である[191]。それ以外にも、白城地域で「ホーリン河鉱区支援建設民兵（支援霍林河鉱区建設民兵）」という名目で組織された「山村農村へ派遣される知識青年（上山下郷知識青年）」（4,000 人以上）や、中国人民解放軍基建工程兵第 44 支隊に編入された 1 万人以上が、炭鉱都市ホーリンゴル市人口の母体となったと言えよう。

また図 6–1 を見ると、モンゴル族人口が市の誕生以降急増している点も特徴の 1 つである。ホーリンゴル市に移住してきたモンゴル族の多くは、1982 年に設立された市建設準備組織である「霍林河弁事処」による募集によって移住してきた人々である。これらのモンゴル族はホーリンゴル市と隣接するジリム盟、赤峰市、ヒンガン（興安）盟などの人々である。その中でも、農耕化した地域からのモンゴル人が比較的に多い。このことから、彼らが牧畜業を生業とするモンゴル牧民に比べ、草原を開発することに対する抵抗感が相対的に弱いのではないか、と考えられよう。

その後、新たに移住してくる人々の大半は、炭鉱関連企業の拡大による人員募集への応募を目的とした人たちで、すでに市内の住人となった親戚と友人を頼りにしてホーリンゴル市に移住してきたと言われている[192]。これがホーリンゴル市の人口増加に繋がり、現在もなお増え続けているのだ。そして、このような人口増加がホーリンゴル地域の自然環境を激変させ、周辺の牧民生活にも影響を与えているのである。

1–2 炭鉱開発による経済成長

ホーリンゴル市が建設されるよりも前から、ホーリンゴル炭鉱の開発は着々と進んでいた。1981 年に年間採掘量が 300 万トン程度の石炭を採掘できるホーリンゴル南露天鉱の設備工事が着工された。そして、3 年後の 1984 年に国家引き渡し審査委員会（国家移交験収委員会）の審査を経て、ホーリンゴル南露天鉱の管理機関に引き渡され、正式に採掘が開始されるようになる。しかし、これは南露天鉱建設の完成が終了したことを意味するものではなかった。同年に「霍林河鉱区建設指揮部」が「霍林河鉱区指揮部」に改称され、引き続き炭鉱施設の建設拡大が続いた。ホーリンゴル南露天鉱は当初から採掘と建設を同時に進める「拡大し続ける炭鉱」だと言えよう。ちなみに、その年の石炭採掘量は 47 万トンであった。

その後、炭鉱施設の拡大によって年間生産量が年々増加し、1989 年に年間採掘量が 300 万トンを超え、329 万トンに達した。さらに年間生産量が 700 万トンの生産設備工事が着工され、1992 年にその施設における石炭採掘が開始された。同時に「霍林河鉱区指揮部」は「霍林河鉱務局」

に改められた。そしてこの年の年間生産量は397万トンになった。今後、ホーリンゴル南露天鉱は年間1,000万トンの石炭を採掘できる大型露天鉱を目指し、着々と拡大していくことになっている[193]。

1998年に「霍林河鉱務局」は、ジリム盟(現通遼市)の管轄下に置かれた。そして1999年に「霍林河鉱務局」が「霍林河炭鉱業(集団)有限責任公司」に改名された。その下に、南露天鉱、北露天鉱などの9つの分公司(子会社)が置かれた。

さらに注目すべき点は、この「霍林河炭鉱業(集団)有限責任公司」は、石炭の採掘だけではなく、発電所やアルミニウム製錬工場の建設にも力を入れるようになっていったことだ。そして、炭鉱、発電、アルミニウム製錬が「三位一体」化し、拡大をし続けていくことになる。2001年に、それまで通遼市管轄下の「通順鋁業公司」の経営権が委譲され、「霍林河炭鉱業(集団)有限責任公司」は正式に炭鉱、発電、アルミニウム製錬を「三位一体」管理する企業体へと変貌を遂げる。これを受け、ホーリンゴル市に「霍林河発電廠」「中国電力投資霍林河坑口発電公司」などの5つの発電所と「霍林河炭鉱業鴻駿電解鋁廠」などのアルミニウム製錬工場が次々と建設されることになった。

さらに、2004年に「霍林河炭鉱業(集団)有限責任公司」は資本金を増やすために、株券発行を増やす目的で電力事業を子会社化する。具体的には、「中国電力投資集団公司」を再編し、まず「通遼市霍林河炭鉱業集団控股有限責任公司」や「中国電力投資霍林河炭鉱業集団有限責任公司」に分かれた。これに伴い、ホーリンゴルの南露天鉱や北露天鉱などの炭鉱開発企業が、「中国電力投資霍林河炭鉱業集団有限責任公司」の持ち株会社である「内モンゴル霍林河炭鉱業股份有限責任公司」の管理下に入ることになった。こうしてホーリンゴル炭鉱の関連企業は巨大グループ企業となり、石炭、電力、アルミニウム製錬業を中心に、大小20社以上の子会社がホーリンゴル市内に設立され、現在も拡大し続けている[194]。

この炭鉱関連企業が市内で大変重要な位置を占めるホーリンゴル市であるが、工業化の急速な進展に伴い、ホーリンゴル市所属の都市住民や農牧

図 6–2　ホーリンゴル市における都市住民と農牧民の純収入の推移

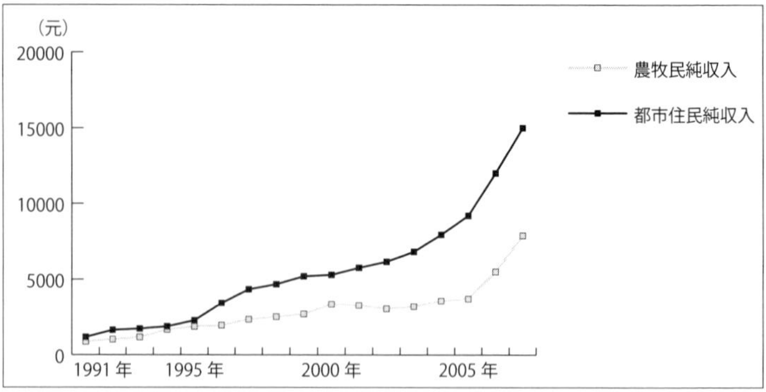

出典：『霍林郭勒市統計年鑑』（2007）に基づき筆者作成。

民の収入も増加した。図 6–2 は、ホーリンゴル市における都市住民と農牧民の純収入の状況を示したものである。都市住民と農牧民の純収入は、1991 年から 2005 年頃まで緩やかに増加するが、2005 年を過ぎた頃から急増加する傾向が見られる。また、都市住民と農牧民の純収入の開きが、徐々に大きくなっていることも、図 6–2 から見て取れる。つまり、工業化が急激に進むことによって、所得の不平等が生まれ、格差が拡大しているのである。

工業化が進み、人口が増加することによって、炭鉱都市ホーリンゴル市はますます膨張し続けている。また、ホーリンゴル市の膨張に伴い、ホーリンゴル市管轄下の都市住民と農牧民の純収入が増加しているが、都市住民と農牧民の所得格差も拡大している。では、ホーリンゴル市周辺の牧畜地域の牧民の収入はどう変化しているか。次に、牧畜地域の家畜頭数の変化と環境汚染の関連を考察していきたい。

2　地下資源開発による環境問題

2–1　家畜頭数の変化とその原因

炭鉱都市ホーリンゴル市に駐在する企業が増え、炭鉱関連産業による牧草地の占有は拡大し続けている。そして、このことがモンゴル牧民の生活に大きな被害を与えている。ここでは、その被害の具体的な状況について論じる。

炭鉱関連産業の発展によりホーリンゴル市の経済が成長しているが、周辺地域の経済はどうなっているのか。まずは、ジャロード旗北部のアルクンドレン鎮管轄下の3つの牧畜村の家畜頭数の変化を通じて、ホーリンゴル市周辺の牧畜地域の経済状況について考察する。家畜はこの地域のモンゴル牧民の生活基盤をなすものである。したがって、その変化を見ることで、モンゴル牧民の生活状況を一定程度理解することができると考えている。そこで、手に入れることができた2006年と2007年のデータをもとに、家畜頭数の推移をグラフ化してみた（図6–3～図6–5）。

データの捉え方にもよるだろうが、入手できたデータをもとに作成したグラフを一見すると、この2年間では劇的な変化は見られない。とは言え、炭鉱関連産業の急成長ぶりと比べると、家畜頭数の増加がほとんどない牧畜業は停滞気味である印象は否めない。

図6–3　ウンドルデンジ村の家畜頭数の変化

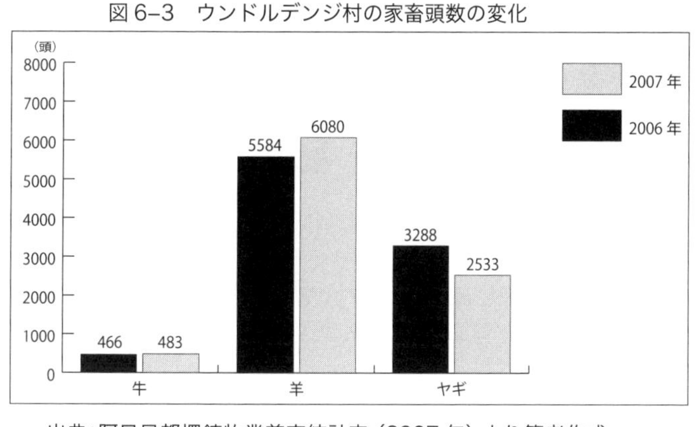

出典：阿日昆都楞鎮牧業普査統計表（2007年）より筆者作成。

次に、図6–3からウンドルデンジ村における家畜頭数の変化を見ると、牛と羊の頭数が2007年にやや増加したが、ヤギの頭数が減っていることが分かる。図6–4のナランボラガ村における家畜頭数の変化を見ると、

図 6–4　ナランボラガ村の家畜頭数の変化

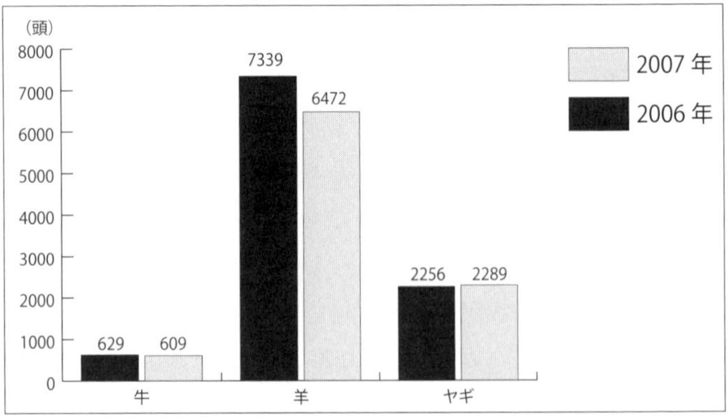

(頭)
8000
7000
6000
5000
4000
3000
2000
1000
0
7339
6472
2256
2289
629
609
牛
羊
ヤギ
2007 年
2006 年

出典：阿日昆都楞鎮牧業普査統計表（2007 年）より筆者作成。

図 6–5　メンギルト村の家畜頭数の変化

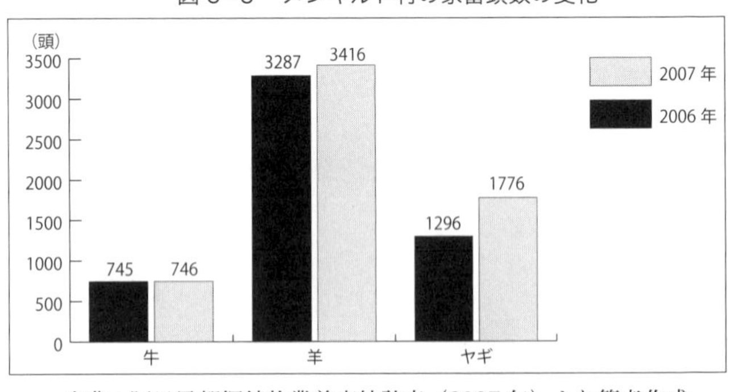

(頭)
3500
3000
2500
2000
1500
1000
500
0
3287
3416
1776
1296
745
746
牛
羊
ヤギ
2007 年
2006 年

出典：阿日昆都楞鎮牧業普査統計表（2007 年）より筆者作成。

牛と羊の頭数が 2007 年に減っており、ヤギの頭数が 2007 年にごく僅かに増えていることが見て取れる。図 6–5 で示したメンギルト村における家畜頭数の変化は、牛が 1 頭だけ増えており、羊とヤギは少し増加したことが分かる。先にも指摘した通り、この 3 つの牧畜村の共通点は家畜頭数の大きな増加がほとんど見られない点である。このデータから、ホーリンゴル市周辺の牧畜業が、少なくとも成長産業ではないことがうかがえる。もっとも、わずか 2 年間のデータからそれほど多くのことを言うことはできない。しかし、実際にフィールド調査して得ることができた情報では、

写真 6–1　炭鉱開発によるボタ山

さらに深刻な事態が発生していることが分かった。

フィールド調査で得た深刻な事態とは、グラフ化したデータよりも後の年になると家畜頭数が激減しているというものである。具体的に言うならば、ホーリンゴル市と隣接するアルクンドレン鎮の 9 つの村の家畜頭数が、2007 年以後大きく減り、2008 年の約 5 万頭から 2011 年に 2 万頭まで激減していたのである。そして、その原因は 2006 年に生産を開始したアルミニウム製錬工場である「霍林河炭鉱業鴻駿電解鋁廠」による環境汚染だと言われている。この 9 つの村の汚染された牧草地面積は、2011 年現在 71.9 万ムーに達したという情報まである。このような環境汚染により、ホーリンゴル市と隣接する村々の家畜の大量死が増えているようだ。このような事態を恐れる牧民たちの間には、一気に多くの家畜を売却する現象が現れているそうだ[195]。

そこで、村民から得た情報を基に、以下のように家畜の被害状況を改めてグラフ化してみた。図 6–6 は 2010 年のウンドルデンジ村における家畜の被害の状況を示したものである。この図 6–6 からウンドルデンジ村の

図 6–6　ウンドルデンジ村の家畜被害の統計

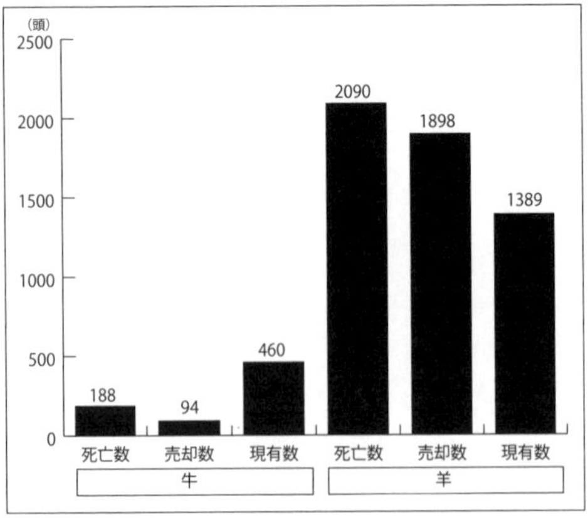

（頭）
2500
2000
1500
1000
500
0
2090
1898
1389
460
188
94
死亡数
売却数
現有数
死亡数
売却数
現有数
牛
羊

出典：村で入手した資料により筆者作成。

羊（ヤギを含む）の死亡頭数と売却頭数が、現有頭数を上回っていることが分かる。牛の場合でも、死亡頭数と売却頭数を合わせると現有頭数の半数を超える数字になる。また、牛と羊の死亡頭数が共に、かなりの数であることが分かる。羊の死亡頭数と売却頭数を合わせると、なんと現有頭数の３倍近くになっている、という驚くべき被害状況だ。

図 6–7　ナランボラガ村の家畜被害の統計

（頭）
4000
3500
3000
2500
2000
1500
1000
500
0
3579
1189
1227
931
229
286
死亡数
売却数
現有数
死亡数
売却数
現有数
牛
羊

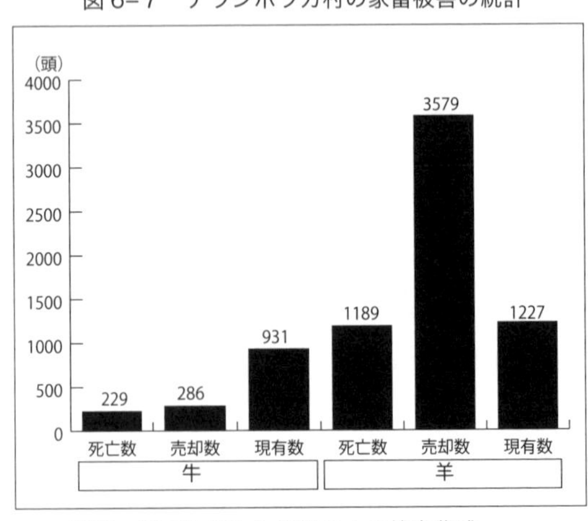

出典：村で入手した資料により筆者作成。

図6－7は2010年のナランボラガ村における家畜の被害の状況を示したものである。図6－7からナランボラガ村では、羊（山羊を含む）の売却頭数が非常に多いことを見て取れる。このような現象は、環境汚染の被害や環境汚染を恐れて羊を大量に売却したのではないだろうか。牛と羊の死亡頭数も、相当に多い。羊の死亡頭数と売却頭数を合わせると、現有頭数の4倍近くになっている。

両村の共通点をまとめると、羊（ヤギを含む）の死亡頭数と売却頭数が共に多くなっており、しかも現有頭数を遥かに上回っている。牛の場合も死亡頭数と売却頭数が相当数であるが、現有頭数の半数ぐらいに留まっている。このことは、羊の被害状況が、牛より大きいことを示している。

もっとも、これらの情報は公的なデータに基づくものではない。しかし、フィールド調査ではこれらの情報を「信じる」に足る被害実態を、目の当たりにした。そこで、次に環境汚染の被害実態について述べておこう。

2–2　環境汚染の実態

ホーリンゴル市に隣接するジャロード旗北部地域では、2006年頃から環境汚染が深刻になったと言われている。主な原因は、2006年から稼働を始めたアルミニウム製錬工場による公害であると牧民たちは推測している。汚染の範囲は、ジャロード旗北部地域だけで20近くの村に及んでいるようだ。

環境汚染の被害は、現在のところ主に家畜に現われている。その顕著な例の1つに、牧民が飼育している馬、牛や羊、ヤギなどの歯に現れる異常を挙げることができる。例えば、家畜の歯が通常の家畜ではありえないほど黒くなる、また、長くなる（長さ2～3㎝）ことや、短くなって抜け落ちる現象が現われている。このような家畜の歯の異常により、家畜たちは草を正常に食べることができなくなる。そのため、食べた草を反すう[196]できず、すべて吐き出してしまう。このような症状が現れた家畜は、その後徐々にやせ細り、最終的には死亡してしまう。写真6–3のような家畜やその骨をフィールド調査で多数確認することができた。

ちなみに、環境汚染の被害は家畜の種類によって異なるようだ。地元の

写真 6–2　健康的な家畜の歯

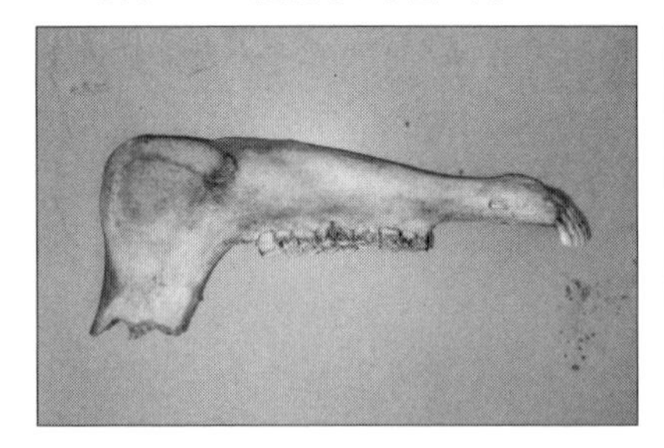

写真 6–3　異常が起こった家畜の歯

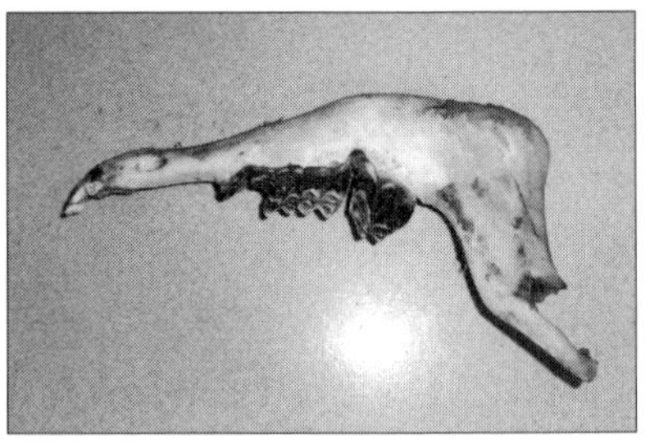

牧民によると、被害状況が最も深刻なのが羊であり、その次にヤギに現れやすいという。馬や牛の歯にも異変が起こっているが、やせ細っていくものは限られているそうだ。また同種類の家畜の中でも子どもや体格が小さいものから環境汚染の症状が現れやすいらしい。このことから考えるに、第４章で論じたバヤンオボート村のように、大型家畜を減らしこれまで以上に小型家畜中心の牧畜業に転換したモンゴル牧民たちにとっては、大きな打撃になったに違いない。

写真 6–4　炭鉱開発現場の様子

写真 6–5　アルミニウム工場付近の排水口

炭鉱開発による環境汚染は、人への健康被害という形でも現れつつある。近年ホーリンゴル市の周辺に生活している牧民は、食欲不振、消化不良や疲れやすい、だるいといった症状を訴える人が急増している。体調不良を感じた牧民が病院で検査を受けたところ、その多くの人が高血圧症や喘息である、と診断されたそうだ[197]。このような健康被害の症状は、今後さらに悪化することが予想され、予断を許さない状況にある。

さて、これらの環境汚染による公害被害の原因について、多くの牧民たちはアルミニウム製錬工場にあると考えている。なぜならば、家畜の歯の異常などの現象がアルミニウム製錬工場の稼働と時期が重なっているためである。そのため、アルミニウム製錬工場からの排煙・廃水が公害被害の原因だと考えている。確かに、このような牧民たちの推測が正しいとする科学的根拠は今のところない。しかし、フィールド調査に訪れれば、牧民の推測もあながちまったく根拠がない話とも思えない。たとえば、ホーリンゴル南露天鉱と北露天鉱の石炭の採掘によるボタ山が次々と現われており、そのボタ山からは粉塵が牧民たちの生活地域にまで飛散して来る。ホーリンゴル市や炭鉱業者側も散水車を使い、水を撒いて粉塵や砂ぼこりの飛散を抑えようと努めているようだが、炭鉱現場の粉塵、工場からの黒煙、大型トラックが草原を走ることによってできた轍から立ち上る砂ぼこりの飛散は、ますます深刻になっている。これらの粉塵や砂ぼこりが、牧草地の草の上に堆積しており、これは牧民たちのみならず、この地に来れば誰の目にも明らかになるであろう。特に長年牧畜を営んできた牧民たちは、牧草地の草の状況には敏感である。また、第4章で述べたホーリンゴル市から50キロ離れているアムゴラン村の家畜にも、大きな被害が出ているが、これも排煙による汚染と考えられる。環境汚染はかなり広い範囲に及んでいるのである。

環境汚染は大気汚染だけではない。工場廃水によって、地下水や河川への汚染も出ている。ホーリンゴル牧草地の河川や泉の湧き水を、ジャロード旗北部の牧民が長年飲料水として利用してきたことは、すでに述べたとおりである。また、炭鉱の発見から1980年までは、炭鉱区の人々も泉の湧き水や河川の水を飲料水として利用してきた[198]。ところが、炭鉱開発の拡大化により、ホーリンゴル地域の泉や川は、炭鉱の廃水池や排水溝へと姿を変えていった。今では、とても飲料水として利用することはできなくなってしまった。

もともと、ホーリンゴル地域の水資源も比較的に豊かであった[199]。だが、泉の湧き水や河川の水が飲料用として利用できない以上、地下水が残された貴重な水資源となる。ところが、炭鉱開発関連事業の多様化によって工業用水として地下水が大量に使用されるようになった。そのため、近年地下水水位の下降も著しくなっていると考えられる。

たとえば、ホーリンゴル南露天鉱のすぐ隣にあるハラガート村の井戸が干上がったという話を聞いた。そこで、村民はホーリンゴル市や村に近い工場関係者に責任を追及したところ、井戸をさらに深く掘ってもらうことになり、飲料水の問題を解決することができたそうだ。

しかしながら、こうして現在飲料水として利用されている地下水も、まったく汚染されていないという保証はない。

上述のように環境汚染によって、牧民の生活は大きな被害を受けている。そのため、牧民たちは環境汚染による家畜の歯の異常を政府に訴えて、解決策や賠償金を求めている。しかし、ジャロード旗政府は有効な対策を講じてこなかった。したがって、牧民たちは牛や羊などの家畜を売るか、出稼ぎに行くなどして自ら生きる道を模索せざるを得なかったのである。

牧民たちは、旗政府の上級機関である通遼市政府や内モンゴル自治区政府にも同様に環境汚染の状況に関する陳情を行ったものの、これらの機関も旗政府と同様に有効な対策を講じようとはしなかった。ただしその後、ジャロード旗政府の関係者が被害地域を訪れ、家畜の被害状況の調査と土壌、水質、大気などのサンプル採取を実施した。ところが、旗政府からの返答は長らく何もない状態が続いた。しびれを切らした牧民たちは、北京の中国中央政府に陳情する方法を模索するようになった。このように、牧民たちは繰り返し政府などの行政機関に環境汚染の改善をいち早く解決するよう求めている。しかし、現在のところ、有効な手立ては講じられていない。

写真 6–6　アルミニウム工場付近に放牧する家畜

写真 6–7　積み出される石炭の様子

さて、このような環境汚染を日本で一般的に公害問題と呼んでいる。そして、公害問題を庄司光や宮本憲一は「社会的損失」と呼び、その損失には次のような特徴があると考えている。

公害問題は、第一に被害が「生物的弱者」から始まると指摘する。たとえば、汚染に弱いモミのような針葉植物の立ち枯れや、水俣病の場合魚介類の斃死（へいし）、鳥・猫類の異常死などが、その「生物的弱者」にあたる。人類の場合、抵抗力の弱い病者、老人、子供にまず健康被害が出るのだという。

第二に「社会的弱者」から被害者になるという特徴が挙げられる。現代社会では大企業の手に環境が独占されることによって、住民の環境権が不当に侵害されているという。また、住民の間でも高額所得者ほど低額所得者に比べて、良き環境を享受する権利を持っていると指摘されている。

第三に言われていることが、公害問題は「絶対的損失」だということである。「絶対的損失」とは、まず人間の健康障害及び死亡、続いて人間社会に必要不可欠な自然を再生不可能な状態にまで破壊すること、そして最後に復元不能な文化財の損傷などである。このような「絶対的損失」は相対的損失と違って、貨幣的価値で計測することが不可能であり、事後的補償も困難である、というのが彼らの見方[200]である。

以上の分析をジャロード旗北部のホーリンゴル市と隣接する牧民にあてはめて考えてみると、まず現在のところ被害の中心が「生物的弱者」である家畜に現れている。環境権は、ホーリンゴル炭鉱関連企業に独占されている状態にある。さらには、モンゴル族が長年生業の中心に据えてきた牧畜業という「伝統文化」が失われつつある。これは貨幣的価値では計測不可能な「絶対的損失」に当たる。つまり、本章で述べてきたジャロード旗北部の牧畜地域において発生している現象は、まぎれもなく「公害問題」だと言えよう。

このような環境汚染問題の解決策を講じるためには、まずは政府などの行政機関の正しい判断と専門家による科学的分析が求められる。この地域の環境汚染を早く解決しない場合、汚染の範囲が広がり、さらに深化していくことが考えられる。また、情報の公開も重要になってくる。特に原因の特定が困難な場合や公害被害への支援策を検討するうえで、環境に関する正確な情報を公開して、世界的ネットワークを用いて解決策を模索することも重要である。今のところ、ジャロード旗北部の場合、家畜への被害が中心であるが、日本の水俣病のような「公害問題」になってしまうと、人間への健康被害が次世代にまで及ぶことになる。周知のように、水俣病問題は未だに完全解決をみていない。

さて、各関係機関もホーリンゴル地域における環境問題を、まったく手をこまねいて見ているわけではない。2000年代に入り、「ホーリンゴル市大気汚染防止条例（霍林郭勒市大気汚染防止方案）」や「ホーリンゴル市飲料用水資源保護区の管理についての暫定的規定（霍林郭勒市飲用水水源保護区管理暫定規定）」などの条例を定めて、大気汚染や水質汚染に取り組んできた[201]。しかしながら、上述の通り環境汚染による被害はとどまる目途が今のところは立っていない。このような状況を相川泰は「政策がある中での悪化」と称し、この状況下で環境汚染を解決していくには、狭い意味の環境政策だけでは限界があり、その効果を左右する政治・経済・社会の全般的なあり方に踏み込んだ改革が必要であると指摘している[202]。まさに、ジャロード旗北部地域でも、こうした改革が必要だと言える。

2–3　被害状況に関する政府の説明

環境汚染の被害状況を、牧民の代表たちは2006年から繰り返し関係行政機関に陳情してきたが、いっこうに返答がなかったことを、先にふれた。こうした中、2010年にようやく通遼市政府の三次人民代表大会が牧民による陳情の内容を取り上げ、牧民たちへの回答が行われた。「雪害、干害、疫病などによる牧民の生活難の解決について」という議題の中で、ジャロード旗北部の事情が取り上げられて議論されたのである。もっとも、牧民が行ってきた陳情の内容がすべて取り上げられたわけではない。しかしながら、通遼市政府が公式の場で環境汚染問題を取り上げ、牧民へ回答が行われた最初のものとして注目に値する。環境汚染に対する政府の回答は、次の通りであった(原文は添付資料12を参照)。

> アルクンドレン鎮の一部ガチャーで牛・羊の「歯が長くなる」ことによって、家畜が死亡するという問題に関する回答を行う。2009年初頭「通遼市動物疫病予防抑制センター（通遼市動物疫病予防控制中心)」は、「ジャロード旗動物疫病予防抑制センター（扎魯特旗動物疫病予防控制中心)」から報告を受け取った。その報告の内容は、ジャロード旗北部アルクンドレン鎮の一部ガチャー・村において、原因不明の家畜大量死という現象が発生しているというものだった。それを受け、我が「通遼市動物疫病予防抑制センター」職員は、「ジャロード旗動物疫病予防抑制センター」とともに、アルクンドレン鎮の一部ガチャー・村にて調査を行った。その際採取されたサンプルは、我々の機関では設備条件が十分とは言えないので、「内モンゴル農業大学動物科学研究所」及び「医学学院臨床検査センター」に分析を依頼した。
>
> ちなみに採取したサンプルとは、汚染された羊の骨、牧草地の草、土壌、水のことである。そして検査結果は次の通りであった。骨のフッ素の含有量が805.15mg/kg ～ 1751.00 mg/kg、土壌のフッ素の含有量が8.10 mg/kg～13.15 mg/kg、水のフッ素の含有量が0.10

mg/kg ～ 0.198 mg/kg であった。以上の検査結果から、サンプルにおけるフッ素の含有量が比較的に高いことが分かる。疫学調査、臨床病状調査や検査報告などの結果に基づき、総合的に分析すると、当該地域の環境におけるフッ素の含有量の高さが、ジャロード旗アルクンドレン鎮のガチャー・村の牛・羊などの家畜大量死の原因の1つである、と考えられる。

なお、この返答が適当でない場合は、再度ご指摘いただきたい。

2010 年 5 月 4 日

この返答で、まず目を引くことは、炭鉱都市ホーリンゴル市について一切触れていない点である。確かに各地区の家畜の大量死の原因が、当該地域の環境の中に含まれているフッ素の含有量の高さだとし、この地域における環境異常について指摘している。しかし、アルクンドレン鎮のガチャー・村におけるフッ素の含有量がなぜ高くなったのだろうか。その原因について言及がまったくなされていない。牧民が求めている環境汚染の解決に繋がる原因の説明を避けているのである。そのうえ、フッ素が人間の健康に与える影響についての説明もない。また、アルクンドレン地域のフッ素の含有量を下げる方法などの問題の解決策も講じられていない。なぜこのような不十分な回答になってしまったのだろう。地方政府の回答は、汚染源として疑われている炭鉱関連企業を庇護しているかのようにも受け止めることができる。その理由は、これらの企業が地方政府の最大の税収源となっているからではなかろうか。

なお、フッ素と言えばこれまでは虫歯予防に効果があるとされてきたが、近年、フッ素の健康被害に関する指摘が多く行われるようになってきた。健康被害の最たる例が、歯のフッ素症や骨のフッ素症などであるが、それ以外に内蔵器官、血液、筋肉や精子などにも害を与えることが明らかになっている。フッ素の危険性を主張する者の中でも代表格として挙げられるのがスシーラ・A・K[203]である。彼は人間のフッ素による健康被害について、次のように述べている。

「フッ素は危険な化学物質で、病気を引き起こす。フッ素は子どもたちの脳にも悪影響を与え、骨や甲状腺などに害がある。もちろん、子どもだけでなく成人の健康にとってもフッ素はよくない。健康被害が出てしまった場合は、とにかく体内にフッ素を取り入れることをやめる、あるいはやめる努力を行う必要がある。そうすれば、フッ素症の進行を阻止でき、それ以上進行することはない。食事などが改善されれば、体内へのフッ素摂取が抑えられれば、フッ素中毒による体内の細胞組織、臓器や器官の障害は、その後に改善されていくと考えられる[204]。」

彼の主張が正しいとするならば、一刻も早くアルクンドレン地域のフッ素の発生源を突き止め、そのフッ素が周辺環境に出ないような対策を行なうことが急務である。またスシーラは、工場からの排出ガス、廃液、そしてアルミニウム、鉄鋼、薬品製造過程で生じる廃棄物にフッ素が混入している場合が多く、これらがフッ素の主な発生源であるとも述べている[205]。この指摘に従えば、アルクンドレン地域のフッ素の含有量の高さの原因は、牧民たちの推測通り炭鉱関連企業のアルミニウム工場にあると考えるのが妥当であろう。

いずれにしても、通遼市政府など関係機関の回答および対策は未だ不十分であり、牧民の安定的な生活や健康を守るためにも、一日も早くフッ素の発生源を明らかにし、対策を講じることが重要である。

おわりに

炭鉱都市ホーリンゴル市は拡大し続けている。それに伴い炭鉱関連企業は何度も再編を繰り返し、大規模なグループ企業となった。そして、その事業内容を多様化させていった。これによって、ホーリンゴル市の人口は増加し、都市住民の純収入も増え続けている。確かに、地下資源開発や炭鉱関連産業により、都市住民の生活が向上している。

しかし、新たな問題も噴出している。それが環境汚染である。炭鉱関連工場などから排出される噴煙、粉塵、廃水などにより、従来からこの地を夏営地として利用してきた牧民たちの生活に被害が出ている。牧民たちが飼育し、生活の糧となっている家畜の歯に異常が起こり、これにより家畜大量死が発生している。また、人々の健康にも被害が出ており、今後さらに深刻化が予想される。

このような状況を、牧民たちは再三地方政府に陳情しているが、未だに問題解決に至っていないだけではなく、正確な汚染源さえ確定されていない状況にある。牧民の安定的な生活や健康を守るためには、早急に対策を講じることが必要である。炭鉱都市ホーリンゴル市の膨張とは相反する形で、市周辺の牧畜社会は衰退或いは崩壊の危機に瀕していると言えよう。

【註】

190. 霍林郭勒市史志編纂委員会編（1995）5～6頁。
191. 霍林郭勒市史志編纂委員会編（1995）10～12頁。
192. 霍林郭勒市史志編纂委員会編（1995）12頁。
193. 霍林郭勒市志編纂委員会編 (1996) 101～113頁。
194. 霍林郭勒市志編纂委員会編 (2008)187～200頁と241～267頁。
195. 村民が提供した資料によるものである。
196. ある種の哺乳類が行う食物の摂取方法である。まず食物（通常は植物）を口で咀嚼し、反芻胃に送って部分的に消化した後、再び口に戻して咀嚼する、という過程を繰り返すことで食物を消化する。
197. 村民が提供した資料によるものである。
198. 霍林郭勒市史志編纂委員会編（1995）9～10頁。
199. 霍林郭勒市史志編纂委員会編（1995）31頁。
200. 庄司光、宮本憲一（1975）16～22頁。
201. 霍林郭勒市志編纂委員会編 (2008)183～184頁。
202. 相川泰（2008）162～174頁。
203. 世界的に著名なフッ素中毒症の研究者で、インド・フッ素中毒症研究農村開発財団事務局長である。
204. スシーラ・A・K著、近藤武、加藤純二など訳（2008）1～11頁。
205. スシーラ・A・K著、近藤武、加藤純二など訳（2008）1～11頁。

終章
結論と今後の展望

本書は、内モンゴル自治区ホーリンゴル市という事例を通じて、中国の少数民族地域における地下資源開発が少数民族の地域社会に、どのような影響を与えてきたかについて論じたものである。その結果、以下のようなことを明らかにすることができた。

中華人民共和国は、周辺地域に居住する諸民族を統治する際に、農業開発や地下資源開発を利用しながら少数民族統治を実施してきた。そのモデルケースの１つが、内モンゴル自治区包頭市である。この都市は、内モンゴル中部にあったバヤンオボー鉄鉱床の開発をきっかけに建設が進められ、「草原鋼城」とも呼ばれた。この包頭市を建設するために、全国各地から多くの人々が動員された。その際、「辺境支援」というスローガンが用いられ、建前上は少数民族への「支援」であるとされた。この「支援」ということばは、ほかの少数民族地域にもこのような印象を与えるために、繰り返し宣伝された。しかし、その実態は開発によって少数民族が恩恵を受けることは少なく、むしろ入植してきた漢人などを利用し、少数民族を統治しやすくしようとするものだったと言えよう。その証拠に、資源開発が当初、生産建設兵団という軍隊的組織によって進められていたことが挙げられる。

生産建設兵団は、改革開放政策が本格的に機能するようになるまで、少数民族地域における地下資源開発を担ってきた。その組織は、中華人民共和国建国後まもなく、辺境地域の防衛や管理のために中国共産党によって生み出された特殊な軍事組織である。やがて、辺境防衛や国境管理だけでなく、農業開発や地下資源開発を行うようになる。これは、国境地帯に居住する少数民族への締め付けの役割も果たすことになった。その結果、生産建設兵団の「軍人」は労働者へと変わっていった。彼らが漢族であり、モンゴル族でないことは言うまでもない。すなわち、ボラグが指摘した内モンゴルにおける「労働者の流産」は軍隊の力を借りた「強制的な流産」であったのである。辺境開発における軍の加担は、従来の研究では殆どふれられてこなかったのであり、その点を明らかにしたという点において、本研究は新しい知見を有していると言えよう。

本書で事例として取り上げたホーリンゴルでも、同じような状況が存在した。ホーリンゴル炭鉱の開発も、当初生産建設兵団によって行われた。その際、彼らは、単に炭鉱開発を行なうだけでなく、炭鉱都市ホーリンゴル市の建設も並行して行っていた。さらに、この生産建設兵団の構成員のほとんどが、漢族であり、辺境地域への大規模な漢族移住という側面も有していた。その結果、この地域の民族比率は大きく変化するだけでなく、優良な牧草地を次々と占有し、炭鉱都市へと姿を変えていった。そして、10万人規模の炭鉱都市ホーリンゴル市が誕生することになった。

さて、ホーリンゴル地域における牧草地の占有によって、ここの原住民であるジャロード旗のモンゴル牧畜民は、移動放牧から定住放牧へ変わらざるを得なかった。その理由は、移動放牧ができるような広い牧草地が激減したためである。本研究では、こうした事態に対し、ジャロード旗政府によってホーリンゴル炭鉱の膨張に対する対抗策として新設の定住村がつくられるという極めて特異なケースの過程を明らかにした。この再編には、大きく2つの意味があった。第一には、新たな村々を新設することで、牧畜業の衰退に歯止めをかけようという意図があった。第二には、ホーリンゴル炭鉱占有地域に隣接する場所に、新たな村々を新設することで、炭鉱開発業者による牧草地の占有のさらなる拡大を食い止めようとしたのだった。これより以前、ジャロード旗政府はホーリンゴル炭鉱の膨張を防ぐために夏営地弁公室を設置したが、牧草地の紛争やホーリンゴル市の拡大化を防ぐことができなかった。そこで、まず、ホーリンゴル市街地から70キロ離れたハンオーラ山の南部地域において、アルクンドレン・ソムを新たに設置した。しかし、それでもホーリンゴル炭鉱の拡大の勢いは留まらず、ジャロード旗はさらなる対策を求められた。そしてその後さらに、ハンオーラ山北部地域、ホーリンゴル市街地から10キロほどの場所にホーリンゴル・ソムを新設し、ホーリンゴル炭鉱の拡大を食い止めようとしたのだった。これによってジャロード旗とホーリンゴル市の境界も確定していくことになる。

ジャロード旗政府によって新設された村々に移住してきたモンゴル牧民たちは、ある意味で自ら炭鉱地域に近づいてきたと言える。モンゴル族にとって伝統的な生業である牧畜を守りながらも、間近に存在する炭鉱都市ホーリンゴル市との関係も構築されるようになっていった。経済や教育などの分野では、ホーリンゴル市と深い関わりが存在している。

しかし、一方で自然環境が厳しく、狭くなった牧草地をいかにして利用するのか、について住民たちはさまざまな工夫を行い、牧畜業を貫こうとした。たとえば、牧草地を草刈地や放牧地に分けて移動放牧を維持し、大型家畜から小型家畜への調整などの対策を講じ、新しい環境に「適応」したのだった。もっとも、これらの対策は牧民たちが長年行ってきた「遊牧」生活の中で蓄積された経験から生まれた発想だとも言える。だが、都市のすぐそばに生きている彼らにとって牧畜業をどこまで維持できるかが、今後大きな課題となるであろう。なぜなら、彼らの努力をもってしても「適応」できない問題もあるからだ。それが、公害問題である。

近年、中国経済の急成長により、資源エネルギーの需要が急速に増加しており、少数民族地域でも資源開発ブームが起こっている。そのため、少数民族地域は、大きな社会変動にさらされるようになった。内モンゴル自治区も、同様に資源開発ブームにさらされており、草原のあちこちが掘り返されている。ホーリンゴル炭鉱でも、この資源開発ブームによってこれまで以上に関連事業が拡大し、その結果新たな環境問題や公害問題は深刻化してきたのだった。つまり、モンゴル牧民の生活を支えてきた牧草地が収奪されるだけではなく、家畜が環境汚染の被害を受けており、今後牧民自身への大きな健康被害も懸念される状態にある。中国政府は、資源開発が少数民族の生活を向上させると宣伝しているが、その実態はかえって少数民族の生存を脅かしているのである。2011 年に起きた内モンゴル各地での大規模な抗議活動は、こうした背景があると言ってよい。少数民族の人々は自然環境の破壊や少数民族の「適応不能」なほどに生存権が脅かされていることに対して反発したと言える。

中国政府は、資源開発は少数民族地域への「優遇」や「支援」であると言うが、しかし実態は開発によって利益を得る漢族と、開発によって生存権が脅かされる少数民族という「民族的不平等」という構造が存在している。このような不平等は以前から存在していた。たとえば、1980年9月5日の『人民日報』には、以下のような記事が紹介されている。「山西省大同市は、石炭を1トン（省外に）販売するたびに、中央政府から2元の補助金をもらえる。しかし、内モンゴル自治区は、石炭を（自治区外に）販売しても一切補助金をもらえない事実がある。具体的に言うと、フルンボイル盟（現フルンボイル市）ジャライノール（扎賚諾爾）炭鉱の開発は採算が取れていないという。ここの石炭は、黒龍江省へ販売し、そこで発電用の燃料として使用され、黒龍江省が儲かっている。ところが、内モンゴル自治区には補助金もなければ、黒龍江省から税収入が入ってくるわけでもない。また、ジョオダ盟（現赤峰市）元宝山発電所では、その地域の平庄炭鉱の石炭を発電用燃料として使用しているが、しかも遼寧省に税を支払うことになっている[206]」ということである。つまり、少数民族地域とそうでない地域との間に不平等が存在していたことが、この記事から分かる。本研究では、こうした「民族的不平等」の構造が、少数民族地域内にも深く根付いていることを明らかにした。

こうした不平等を前にするモンゴル牧民たちは、こうした不平等に対して、政府関係機関に陳情する程度のことしかできない。陳情を受けた行政による適切な対策が求められているのだが、一部の政府関係者の中には炭鉱関連企業と癒着があり、いっこうに有効な対策が取られていない。したがって、モンゴル牧民たちはさまざまな不満と不安を抱えながら、資源開発の行方を注視し続けることしかできないでいるのである。なるほど、政府に責任が関わる開発問題において、地元牧民が自律的に「適応」できることには当然限界がある。すなわち、従来の開発人類学、社会学的研究ではあまりかえりみてこられなかった「不適応」の側面も本研究は描き出したと言えよう。このような問題は、ホーリンゴルに限った問題ではなく、ほかの少数民族が生活する地域における資源開発でも、同じような構造が存在していると考えることができる。そして、これらの問題は、今後さらなる深刻化が懸念される。

ちなみに、本書を執筆するうえで、必要と思われる各種の事件や紛争の真相が記録されている档案資料の存在が分かった。ただし、これらの多くがほとんど公開されていない。そこで、でき得る限りの資料調査や現地調査を行い、それに基づき本書の執筆を行った。だが、資料的制約のため、どうしても論証が不十分なところがある。たとえば、ホーリンゴル地域が吉林省に所属していた時代の文献資料を確認することが、ほとんどできなかった。この点は、大変無念さを感じている。今後も、少数民族地域における資源開発の研究を続けていくうえで、いつの日にか、本研究で不十分な部分も明らかにしたいと考えており、これらを今後の課題としたい。

ホーリンゴル市やその周辺地域もそうであるが、中国の少数民族地域における資源開発は現在まさに進行中にあり、今後どのような方向に向かっていくのか、また少数民族の地域社会はどのように変化していくのかについても予測できない部分がある。今後、引き続き少数民族地域の資源開発問題を追及し続け、その後の状況やホーリンゴル地域以外の事情などを、新たな研究課題としていきたい、と考えている。

【註】

206. 『人民日報』1980 年 9 月 5 日。

あとがき

本書は、筆者が2013年9月に滋賀県立大学大学院地域文化学研究科に提出した博士論文「中国少数民族地域における地下資源開発と地域社会の変動――内モンゴル自治区炭鉱都市ホーリンゴル市の建設過程を通して」を基礎としたものであり、出版に際して若干の補足的な修正を加えた。

私は日本に留学してから、博士学位取得まで9年の歳月が経った。この9年間日本における留学生活、私にとっては初めての単著となる本書が生まれるまでに、実に多くの方々に大変お世話になった。ここで記して感謝の意を表したい。

まずは指導教官であるボルジギン・ブレンサイン先生に感謝の意を捧げたい。ブレンサイン先生は、学問の基礎さえ知らない私を引き受けて下さり、学問に対する姿勢を教えていただいた。モンゴル、中国、日本社会を知悉しておられ、中国の少数民族の地域社会に関する研究を進めるうえで、絶好の環境であった。特に、ゼミで多くの時間を費やして行ってくださったご指導、そして厳しくて貴重なコメントが博士論文を仕上げるうえで欠かせないものであった。

島村一平先生には、学問上のアドバイスはもちろんのこと、ご多忙中にもかかわらず、多くの支援をいただいた。先生の温かいご支援や見守りが博士論文を執筆するうえで知的・精神的支えとなった。記して感謝の意を表したい。博士論文の執筆の段階から論文の書き方、先行研究のまとめ方など学問を行ううえで貴重な知識を教えていただいた。博士論文の審査にあたって、丁寧に日本語の手直し、鋭くて貴重なご指摘やご指導を受け賜わった。また、私が中国に帰った後も滋賀県立大学の学内プロジェクトである重点領域研究『内陸アジアにおける地下資源開発による環境と社会の変容に関する研究――モンゴル高原を中心として』に参加させていただいたことで、日本やモンゴル国での短期調査と国際シンポジウムに参加することができた。深くお礼申し上げたい。

博士論文の審査にあたって、棚瀬慈郎先生や早稲田大学教授の吉田順一先生に多くの貴重なコメントやご指導をいただいた。両先生に感謝申し上げたい。吉田先生は、日本の一番熱い時期に博士論文を丁寧に読んで下さり、日本語の手直しや貴重なご指摘をいただいた。私の最初のフィールド調査も吉田先生に同行して行われたもので、その後の調査に大いに役に立ったことを特に記しておき、感謝申し上げたい。また、はるばる東京から博士論文の公聴会に来られ、非常に温かい励ましの言葉をいただいた。先生の励ましが、これから学問の道を歩んでゆく私に大きな自信を持たせたに間違いない。

博士後期課程在学中、同ゼミの木下光弘さんの存在が、研究を進めていくうえで、大きな励みとなった。さらに博士論文の日本語の手直しや丁寧かつ貴重なアドバイスをいただいたことをここに記すとともに、心より感謝申しあげたい。

本研究のフィールド調査において、ジャロード旗、ホーリンゴル市をはじめ、地元の皆様方に大変お世話になった、深くお礼を申し上げたい。特にフィールド調査に直接関わってくださったバヤンオボート村の方々は、いったい何をしているのかよくわからない私を寛大に受け入れてくださった。本書の資料を集め終わった後、環境汚染が深刻化したため、ホーリンゴル地域の一部の村の人々をジャロード旗政府所在地である魯北鎮に移転させた。また、牧民たちは環境汚染に対して訴訟沙汰や抗議活動を行い続けている。移転した後、牧民たちの生活状況や環境汚染問題について追跡調査を行いながら研究していきたい。

本書は、筆者がこれまでに発表した以下の論文を基礎とし、若干加筆、修正したものである。ここに記して、拙稿を掲載してくださった雑誌の関係者の方々に感謝の意を表したい。

第 2 章の一部は「中国の生産建設兵団と内モンゴルにおける資源開発——内モンゴル新興都市ホーリンゴル市の建設過程を通して」(『人間文化』No30、滋賀県立大学人間文化学部研究報告、2012 年）を基礎としている。この論文は 2015 年に『中国関係論説資料』No55 に転載された。第 4 章の一部は「内モンゴル中部炭鉱都市ホーリンゴル市の建設過程における地域社会の再編」(『内モンゴル東部地域における定住と農耕化の足跡』アフロ・ユーラシア内陸乾燥地文明研究叢書６、名古屋大学大学院文学研究科、2013年)を参考にしている。第３章の一部は、「鉱山開発にあらがう「防波堤村」の誕生——中国内モンゴル自治区ホーリンゴル炭鉱の事例から」(『草原と鉱石——モンゴル・チベットにおける資源開発と環境問題』明石書店、2015年)を参考にしている。

日本での留学や研究生活をいつもささえてくれる妻の麗珍と子供の教育に惜しむことのなかった愛情深き両親に感謝するとともに、これまで勝手気ままな生き方を許してくれた、姉たち、妹にお詫びし、感謝を申し上げる。

最後に、ボヤント氏の仲介で本書の出版を引き受けてくださった川端幸夫社長、ボヤント氏に深く感謝申し上げたい。なかなか進まない私の作業を辛抱強く見守ってくださった麻生水緒夫婦をはじめ、集広舎の関係者にも深く感謝したい。

なお、本書の刊行にあたっては、内モンゴル民族大学博士科研啓動基金(BS 324)の助成を受けた。

【参考文献・参考資料】

■日本語文献（五十音順）

- 相川泰著（2008）『中国汚染──「公害大陸」の環境報告』ソフトバンク新書
- 愛知大学現代中国学会編（2004）『中国21　内モンゴルはいま──民族区域自治の素顔──』風媒社
- 愛知大学現代中国学会編（2011）『中国21　国家・開発・民族』東方書店
- 天児慧、石原享一等編（1999）『現代中国事典』岩波書店
- 池谷和信著（2005）『熱帯アジアの森の民－資源利用の環境人類学』人文書院
- 内堀基光編（2007）『資源と人間』弘文堂
- オウエン・ラティモア著、後藤富男訳（1934）『満洲に於ける蒙古民族』善隣協会
- 王柯著（1998）「新疆の経済開発とウイグル人のナショナリズム」川田順造など編『開発と民族問題』（岩波講座　開発と文化4）岩波書店
- 王柯著（2001）「経済統合と民族分離の相剋──新疆ウイグル自治区を巡る二つの動き」佐々木信彰編『現代中国の民族と経済』世界思想社
- 王柯著（2005）『多民族国家　中国』岩波書店
- 王柯著（2006）『20世紀中国の国家建設と「民族」』東京大学出版会
- 王力雄著、馬場裕之訳、劉燕子監修/解説（2011）『私の西域、君の東トルキスタン』集広社
- 大島一二著（1993）『中国における農村工業化の展開と農村経済・社会の変容に関する研究──「蘇南」地域を中心に──』アジア政経学会
- 大西康雄編（2001）『中国の西部大開発──内陸発展戦略の行方』（トピックリポートNo.42）アジア経済研究所
- 大塚柳太郎、篠原徹、松井健編（2004）『島の生活と環境4──生活世界からみる新たな人間──環境系』東京大学出版会
- 大塚柳太郎編(2004)『島の生活と環境1──ソロモン諸島──最後の熱帯林』東京大学出版会
- 岡洋樹著（2007）『清代モンゴル盟旗制度の研究』東方書店

・　加々美光行著（2008）『中国の民族問題──危機の本質』岩波書店
・　可児弘明著（1998）「中国の少数民族と華僑」可児弘明、鈴木正崇、国分良成、関根政美編『民族で読む中国』（朝日選書 595）朝日新聞社
・　風戸真理著（2009）『現代モンゴル遊牧民の民族誌──ポスト社会主義を生きる』世界思想社
・　加藤弘之、上原一慶編著（2004）『中国経済論』（現代世界経済叢書 2）ミネルヴァ書房
・　川田順造著（1997）「いま、なぜ「開発と文化」なのか」川田順造など編『いま、なぜ「開発と文化」なのか』（岩波講座　開発と文化 1）岩波書店
・　川副延生著 (2008)「中国黒龍江省における知識青年の国営農場への下郷とその特徴について──生産建設兵団第二師団の場合──」『名古屋商科大学総合経営・経営情報論集』第 53 巻第 1 号、33 ～ 54 頁
・　木下光弘著（2004）「中国民族政策の背後にあるもの──重要度を増す「中華民族」論」『地域文化研究』7 号、地域文化学会
・　魏后凱著（2001）「第十次五カ年計画と西部大開発」大西康雄編『中国の西部大開発──内陸発展戦略の行方』（トピックリポート No.42）アジア経済研究所
・　高坂健次、厚東洋輔（1998）『理論と方法』(講座社会学 1) 東京大学出版会
・　国分良成、星野昌裕著（1998）「中国共産党の民族政策──その形成と展開」可児弘明、鈴木正崇、国分良成、関根政美『民族で読む中国』（朝日選書 595）朝日新聞社
・　小島朋之編（2000）『中国の環境問題──研究と実践の日中関係──』慶應義塾大学産業研究所叢書、慶應義塾大学出版会
・　小島麗逸著（1975）『中国の経済と技術』勁草書房
・　小島麗逸著（1997）『現代中国の経済』（岩波新書 533）岩波書店
・　小島麗逸編（2000）『現代中国の構造変動 6──環境──成長への制約となるか──』　東京大学出版会
・　小島麗逸著（2011）「資源開発と少数民族地区」愛知大学現代中国学会編『中国 21　国家・開発・民族』Vol34、東方書店
・　児玉香菜子著（2005）『中国内モンゴルオルドス地域ウーシン旗における自然環境と社会環境変動の 50 年』地球環境 VoI.10 No　71 ～ 80 頁、国際環境研究協会

・ 小長谷有紀著（2001）「中国内蒙古自治区におけるモンゴル族の牧畜経営の多様化――牧地配分後の経営戦略――」横山廣子編『中国における民族文化の動態と国家をめぐる人類学的研究』国立民族学博物館調査報告 20、国立民族学博物館
・ 小長谷有紀著（2002）『遊牧がモンゴル経済を変える日』出版文化社
・ 小長谷有紀著（2003）「中国内蒙古自治区におけるモンゴル族の季節移動の変遷」 塚田誠之編『民族の移動と文化の動態――中国周縁地域の歴史と現在』風響社
・ 小長谷有紀、シンジルト、中尾正義編（2005）『中国環境政策生態移民――緑の大地、内モンゴルの砂漠化を防げるか？――』（地球研叢書）昭和堂
・ 後藤冨男著（1968）『内陸アジア遊牧民社会の研究』吉川弘文館
・ 近藤康男編（1965）『変貌する農村』（日本農業年報 XIV）御茶の水書房
・ 佐々木信彰著（1988）『多民族国家中国の基礎構造――もうひとつの南北問題』世界思想社
・ 斎藤文彦著（2005）『国際開発論――ミレニアム開発目標による貧困削減――』日本評論社
・ 佐藤仁著（2002）『稀少資源のポリティクス――タイ農村にみる開発と環境のはざま』東京大学出版会
・ 佐藤仁編著（2008）『人々の資源論――開発と環境の統合に向けて』明石書店
・ 島村一平著（2011）『増殖するシャーマン――モンゴル・ブリヤートのシャーマニズムとエスニシティ』春風社
・ 清水幸雄、奥田進一著（1998）「中国における草原資源利用権の法的性質の解明及びその再構成について――自然資源保護と産業発展のための牧草地流動化の可能性――」清和大学法学会編『清和法学研究』第五巻、第二号
・ 庄司光、宮本憲一著（1964）『恐るべき公害』（岩波新書 521）岩波書店
・ 庄司光、宮本憲一著（1975）『日本の公害』（岩波新書）岩波書店
・ ジェレミー・シーブルック著、渡辺景子訳（2005）『世界の貧困』青土社
・ スシーラ・A・K 著、近藤武、加藤純二など訳（2008）「フッ素（フッ化物）の害作用に関する科学的根拠」『フッ素研究』No.27、日本フッ素研究会
・ 扎魯特公署（1936）『興安西省扎魯特事情』

・ 末廣昭著（1998 a)「開発主義･国民主義･成長イデオロギー」『開発と政治』(岩波講座　開発と文化 6）岩波書店
・ 末廣昭著（1998b)「開発主義とは何か」東京大学社会科学研究所編『20 世紀システム 4 開発主義』東京大学出版会
・ 立石昌広著（2007)「中国国営農場研究」『長野県短期大学紀要』第 62 号、長野県短期大学
・ 田中克彦著 (1992)『モンゴル民族と自由』同時代ライブラリー
・ 田中克彦著 (2002)「国家なくして民族は生き残れるか――ブリヤート＝モンゴルの知識人たち」黒田悦子編『民族の運動と指導者たち――歴史のなかの人々』74 ～ 95 頁、山川出版社
・ 田中克彦著（2009)『ノモンハン戦争　モンゴルと満洲国』（岩波新書 1191）岩波書店
・ 中国社会科学院経済研究所中国西部開発研究グループ編（1994)「西部地域の開発と発展」丸山伸郎編『90 年代中国地域開発の視角――内陸・沿海関係の力学』（アジア経済圏シリーズ V）アジア経済研究所
・ 張英莉 (2002)『中国の経済発展と「西部大開発」』『文京学院大学外国語学部文京学院短期大学紀要』、No. 1　125 ～ 138 頁
・ 張承志著、梅村坦編訳（1990)『モンゴル大草原遊牧誌――内蒙古自治区で暮らした四年』（朝日選書 301）朝日新聞社
・ 張琢著、星明訳（2007)「中国社会学百年略史――1892 年から 1992 年まで――」『社会学部論集』第 45 号、佛教大学社会学部
・ 趙宏偉著（1997)「開発の概念の諸相――中国」川田順造など編『いま、なぜ「開発と文化」なのか』（岩波講座　開発と文化 1）岩波書店
・ 田暁利著（2011)「中国におけるエネルギー資源開発の現状と課題」愛知大学現代中国学会編『中国 21　国家・開発・民族』Vol34、東方書店
・ 中兼和津次、石原享一編（1992)『中国　経済』（地域研究シリーズ③）アジア経済研究所、アジア経済出版会
・ 中見立夫著（2007)「“内モンゴル東部”という空間――東アジア国際関係史の視点から――」モンゴル研究所編『近現代内モンゴル東部の変容』雄山閣
・ 21 世紀研究会編 (2000)『民族の世界地図』（文春新書 102）文藝春秋
・ 仁欽著（2010a)「内モンゴルにおける国営農牧場と「生産建設兵団」に関する考察――経済的統合の視点から――」『近きに在りて：近現代中国を

めぐる討論のひろば』57号　83～95頁、汲古書院
・ 仁欽著（2010b）「内モンゴル生産建設兵団の建設とその特徴」『日本とモンゴル』第45巻第1号（121号）74～92頁、日本モンゴル協会
・ 野村浩一、高橋満、辻健吾編（1991）『もっと知りたい中国Ⅰ』(政治・経済編) 弘文堂
・ ハイシッヒ著、田中克彦訳（2000）『モンゴルの歴史と文化』岩波書店
・ 白福英著（2013）「内モンゴル牧畜社会の資源開発への対応をめぐって──西ウジュムチン旗Sガシャーの事例から──」『総研大文化科学研究』第九号、綜合研究大学院大学文化科学研究科
・ 橋本真、野崎治男編（1974）『現代社会学』(改訂版) ミネルヴァ書房
・ 蓮見音彦編（2007）『村落と地域』(講座社会学3) 東京大学出版会
・ 原洋之介著（1996）『開発経済論』岩波書店
・ 平子義雄著（2002）『環境先進的社会とは何か──ドイツの環境思想と環境政策を事例に──』世界思想社
・ 平松茂雄著(2005)「毛沢東の新疆開発と新疆生産建設兵団」『杏林大学科学研究』20（4）1～41頁、杏林大学社会科学学会
・ 服部健治著（1994）「内陸経済発展における辺境貿易の役割」丸山伸郎編『90年代中国地域開発の視角──内陸・沿海関係の力学』(アジア経済圏シリーズV) アジア経済研究所
・ 船橋晴俊、飯島伸子編（1998）『環境』(講座社会学12) 東京大学出版会
・ フフバートル著（1999）「「内蒙古」という概念の政治性」『ことばと社会 多言語社会研究』1号、三元社
・ 星野昌裕著（2011）「民族区域自治制度からみる国家・民族関係の現状と課題」愛知大学現代中国学会編『中国21　国家・開発・民族』Vol.34、東方書店
・ 包宝柱著（2012）「中国の生産建設兵団と内モンゴルにおける資源開発──内モンゴル新興都市ホーリンゴル市の建設過程を通して──」『人間文化』30号、滋賀県立大学人間文化学部研究報告
・ 包宝柱、ウリジトンラガ、木下光弘著（2013）「モンゴル国における地下資源開発の調査報告──中国の少数民族として生きるモンゴル人から隣国モンゴル国をみる──」『人間文化』33号、滋賀県立大学人間文化学部研究報告
・ ボルジギン・フスレ著（2011）『中国共産党・国民党の対内モンゴル政策

(1945～49年)：民族主義運動と国家建設との相克』風響社
・ ボルジギン・ブレンサイン著（1999)「内モンゴル東部地域における農耕村落形成の一断面――ランブントブガチャ―の事例分析から――」『史滴』第21号、早稲田大学東洋史懇話会
・ ボルジギン・ブレンサイン著（2003)『近現代におけるモンゴル人農耕村落社会の形成』風間書房
・ ボルジギン・ブレンサイン著(2009)「中国東北三省のモンゴル人世界」ユ・ヒョヂョン、ボルジギン・ブレンサイン編著『境界に生きるモンゴル世界――20世紀における民族と国家』八月書館
・ ボルジギン・ブレンサイン著（2011)「アルタン・オナガー（黄金の仔馬）は何処へ飛んでいったのか――資源開発と少数民族の生存について」『中国の環境問題と日中民間協力』第5回SGRAチャイナ・フォーラム、関口グローバル研究会（SGRA)
・ パーツラフ・シュミル著、丹藤佳紀、高井潔司訳（1996)『中国の環境危機』亜紀書房
・ 前川啓治著（2000)『開発の人類学――文化接合から翻訳的適応へ――』新曜社
・ 松原正毅、NIRA総合研究開発機構編、梅棹忠夫監修（2002)『世界民族問題事典』新訂増補版、平凡社
・ 松本和久著（2010)「新疆生産建設兵団における党・政・軍関係」『早稲田政治公法研究』93号43～57頁、早稲田大学大学院政治学研究科
・ 丸山伸郎編(1994)『90年代中国地域開発の視角――内陸・沿海関係の力学』(アジア経済圏シリーズV）アジア経済研究所
・ 毛里和子著（1986)「文化大革命期経済の諸特徴――経済の軍事化を中心に――」加々美光行編『現代中国のゆくえ――文化大革命の省察II――』(研究双書345）アジア経済研究所
・ 毛里和子ほか編(1994)『原典中国現代史』(全9巻）第1巻、岩波書店
・ 毛里和子著(1998)『周縁からの中国――民族問題と国家』東京大学出版会
・ 毛里和子著(2004)『現代中国政治』(新版）名古屋大学出版会
・ 山本市朗著(1980)『北京三十五年――中国革命の中の日本人技師――』(上、下）(岩波新書）岩波書店
・ ユ・ヒョヂョン、ボルジギン・ブレンサイン編著(2009)『境界に生きるモンゴル世界――20世紀における民族と国家』八月書館

・ 楊海英著 (2001)「遊牧から定住へ──赤峰市バーリン右旗の事例を中心に──」 小長谷紀編『モンゴル高原における遊牧の変遷に関する歴史民族学的研究』 国立民族学博物館
・ 楊海英著 (2009)『モンゴル族からみた中国文化大革命の実証研究』研究成果報告書、静岡大学人文学部
・ 楊海英編 (2010a)『モンゴル人ジェノサイドに関する基礎資料（1）──藤海清将軍の講話を中心に──』風響社
・ 楊海英編 (2010b)『モンゴル人ジェノサイドに関する基礎資料（2）──内モンゴル人民革命党粛清事件──』風響社
・ 楊海英著（2011）「西部大開発と文化的ジェノサイド」愛知大学現代中国学会編『中国 21 国家・開発・民族』Vol.34、東方書店
・ 吉田順一著（2007a）「近現代内モンゴル東部とその地域文化」モンゴル研究所編『近現代内モンゴル東部変容』雄山閣
・ 吉田順一著 (2007b)「内モンゴル東部における伝統農耕と漢式農耕の受容」モンゴル研究所編『近現代内モンゴル東部の変容』雄山閣
・ 吉田順一著 (2007c)「内モンゴル東部地域の経済構造」岡洋樹編『モンゴルの環境と変容する社会』東北アジア研究センター叢書第 27 号、東北大学東北アジア研究センター・モンゴル研究成果報告 II
・ 兪炳強など著 (1991)「草原遊牧業経営方式の変遷過程と制度的改革：中国内モンゴル自治区を対象に」農業経営研究（17）105 ～ 131 頁、北海道大学
・ 和光大学モンゴル学術調査団編 (1999)『変容するモンゴル世界──国境にまたがる民』新幹社
・ 渡辺利夫編 (2000)『国際開発学 II アジア地域研究の現在』東洋経済新報社

■中国語文献（アルファペット順）

・ 阿拉坦宝力格著 (2011)「民族地区資源開発中的文化参与──対内蒙古自治区正藍旗的発展戦略思考」『原生態民族文化学刊』第三巻、第一期
・ 艾斌主編 (2011)『民族社会学論文集』中央民族大学出版社
・ 包路芳著（2006）『社会変遷与文化調適──遊牧鄂温克社会調査研究』中央民族大学出版社

・ 包頭市地方志史編修弁公室、包頭市档案館編（1980）『包頭史料薈要』（第二輯）中国共産党包頭市委機関印刷廠
・ 包頭市志史館、包頭市档案館編 (1983)『包頭史料薈要』（第九輯）包頭市第一印刷廠
・ 包頭市地方志史編修弁公室、包頭市档案館編（1980）『包頭史料薈要』（第四輯）内蒙古印刷廠
・ 包頭市地方志編纂委員会編 (1995)『包頭市志』（国防工業巻）内蒙古人民出版社
・ 包玉山著 (2003)『内蒙古草原畜牧業的歴史与未来』内蒙古教育出版社
・ 陳慶徳著 (1994)『中国少数民族経済開発概論』民族出版社
・ 程志強著 (2009)『破解「富饒的貧困」誖論──煤炭資源開発与欠発達地区発展研究』商務印書館
・「当代中国的内蒙古」編纂委員会編 (1992)『当代中国的内蒙古』当代中国出版社
・ 徳力格爾主編 (1995)『哲里木史話』遠方出版社
・ 都瓦薩主編 (1989)『扎魯特史話』内蒙古人民出版社
・ 都瓦薩編 (1993)『特金罕晨曦』遼寧民族出版社
・ 費孝通著 (1986)「辺区開発包頭篇」斯平主編『開発辺区与三力支辺──開発内蒙古与三力支辺調査報告和論文選集』内蒙古人民出版社
・ 費孝通著 (1988)『費孝通民族研究文集』北京民族出版社
・ 費孝通著 (1989)「中華民族的多元一体格局」『北京大学学報』第四期 1 ～ 19 頁
・ 費孝通著 (1997)「簡述我的民族研究経歴和思考」『北京大学学報』第二期 4 ～ 12 頁
・ 何嵐、史衛民著 (1994)『漠南情──内蒙古生産建設兵団写真』法律出版社
・ 賀学礼著（1986）「従烏海煤田的開発看三力支辺在辺区経済発展中的地位和作用」斯平主編『開発辺区与三力支辺──開発内蒙古与三力支辺調査報告和論文選集』内蒙古人民出版社
・ 黄健英編著 (2009)『北方農牧交錯帯変遷対蒙古族経済文化類型的影響』中央民族大学出版社
・ 霍林郭勒市史志編纂委員会編（1995）「地理・煤田巻」『霍林郭勒市志』（評議稿）
・ 霍林郭勒市志编纂委員会編 (1996)『霍林郭勒市志 (～ 1995)』内蒙古人民

出版社
- 霍林河鉱区志編纂委員会編(2003)『霍林河鉱区志(1991～2000)』瀋陽彩豪柯式彩印有限公司
- 霍林郭勒市志編纂委員会編(2008)『霍林郭勒市志(1994～2006)』内蒙古文化出版社
- 霍林郭勒市統計局編(2006)『霍林郭勒市統計資料汇編』(1985～2004)
- 霍林郭勒市統計局編(2008)『霍林郭勒市統計年鑑』(2007) 河南省済源市北海資料印刷廠
- 金大陸、金光耀編(2009)『中国知識青年上山下郷研究文集』(上、中、下)上海社会科学出版社
- 景愛著 (1996)『中国北方砂漠化的原因与対策』山東科学技術出版社
- 李摯萍、陳春生編(2009)『農村環境管制与農民環境権保護』北京大学出版社
- 林田著(1957)「漫話包鋼」『民族団結』第3期、中国国家民族事務委員会
- 林蔚然、鄭広智主編(1990)『内蒙古自治区経済発展史1947～1988』内蒙古人民出版社
- 劉新民、趙哈林主編(1993)『科爾沁沙地生態環境総合整治研究』甘粛科学技術出版社
- 馬大正著(2009)『中国新疆　新疆生産建設兵団発展歴程』新疆人民出版社
- 馬戎編著(2005)『民族社会学導論』北京大学出版社
- 馬双元、宋弘著(1986)「包鋼開創発展中労力支辺的歴史和発展情況」斯平主編『開発辺区与三力支辺—開発内蒙古与三力支辺調査報告和論文選集』内蒙古人民出版社
- 梅雪芹著(2004)『環境史学与環境問題』人民出版社
- 「内蒙古自治区三十年」編写組編 (1977)『内蒙古自治区三十年 (1947～1977)』内蒙古人民出版社
- 内蒙古自治区民族研究学会編(1980)『論文選集』内モンゴル民族研究学会第一回年会
- 内蒙古自治区共産党委員会政策研究室編(1985)『内蒙古自治区盟市旗県概況』呼和浩特市印刷廠
- 内蒙古自治区地名委員会編(1990)『内蒙古自治区地名志』(哲里木盟分冊)
- 内蒙古自治区共産党委員会政策研究室編(1985)『内蒙古「九五」旗県経

済発展綱要』内蒙古社会科学院
・ 内蒙古自治区地図制印院編 (2006)『内蒙古地図冊』中国地図出版社
・ 内蒙古自治区統計局編 (2007)『内蒙古統計年鑑 2007』中国統計出版社
・ 潘乃谷、馬戎主編 (1993)『辺区開発論著』北京大学出版社
・ 潘乃谷、馬戎著 (1994)「内蒙古半農半牧区的社会、経済発展：府村調査」『中国邊遠地区開発研究』牛津大学出版社
・ 潘守永等著 (2009)『社会文化変遷与当代民族関係──東北、内蒙古地区研究報告』中央民族大学出版社
・ 賽航、金海、蘇徳畢力格著 (2007)『民国内蒙古史』内蒙古大学出版社
・ 斯平主編 (1986)『開発辺区与三力支辺──開発内蒙古与三力支辺調査報告和論文選集』内蒙古人民出版社
・ 孫金鋳、陳山編 (1994)『内蒙古生態環境預警与整治対策』内蒙古人民出版社
・ 史衛民、何嵐著 (1996)『知青備忘録──上山下郷運動中的生産建設兵団』中国社会科学出版社
・ 「団結建設中的内蒙古」編員会編 (1987)『団結建設中的内蒙古』内蒙古人民出版社
・ 王建革著 (2006)『農牧生態与伝統蒙古社会』山東人民出版社
・ 王夢奎、李善同等著 (2000)『中国地区社会経済発展不平衡問題研究』商務印書院
・ 烏達区地方志編纂委員会編 (2001)『烏達区志』(内蒙古自治区地方志叢書) 内蒙古人民出版社
・ 烏海市志編纂委員会編 (1996)『烏海市志』内蒙古人民出版社
・ 烏拉盖総合開発区志編纂委員会編 (2000)『烏拉盖総合開発区志』内蒙古文化出版社
・ 呉毅主編 (2007)『郷村中国評論』第二辑、山東人民出版社
・ 徐平著 (1993)「羌村経済和社会変遷」潘乃谷、馬戎主編『辺区開発論著』北京大学出版社
・ 杨聖敏主編 (2009)『三不両利与穏寛長』(文献与史料) 第 56 輯、内蒙古自治区政治協商文史資料委員会
・ 雲布霓 (1986)「辺区資源開発与社会主義民族関係──伊敏煤田開発以来鉱区与民族自治地方関係有関情况的考察報告」斯平主編『開発辺区与三力支辺──開発内蒙古与三力支辺調査報告和論文選集』内蒙古人民出版社

・ 扎魯特旗文史資料委員会編 (1988)『扎魯特文史』第一輯、扎魯特旗印刷廠
・ 扎魯特旗志编纂委員会編 (2001)『扎魯特旗志』(～ 1987) 方志出版社
・ 扎魯特旗志編纂委員会編 (2010)『扎魯特旗志』(1987 ～ 2009) 内蒙古文化出版社
・ 扎魯特旗統計局編 (1947 ～ 2007)『扎魯特旗統計年鑑』
・ 扎奇斯欽著 (2005)『我所知道的徳王和当時的内蒙古』中国文史出版社
・ 張敦富主編 (1998)『区域経済開発研究』中国軽工業出版社
・ 張潔主編 (2005)『中国焦点問題調査』長江文芸出版社
・ 鄭睿川著 (1986)「包鋼的創建与辺区的開発」斯平主編『開発辺区与三力支辺──開発内蒙古与三力支辺調査報告和論文選集』内蒙古人民出版社
・ 政協霍林郭勒市委員会編 (1999)『文史資料』特輯、霍林郭勒市民族印刷廠
・ 政協扎魯特旗委員会編 (2001)『霍林郭勒市文史資料』第二輯、霍林郭勒市民族印刷廠
・ 政協霍林郭勒市委員会編 (2003)『霍林郭勒市文史資料』第三輯、霍林郭勒市民族印刷廠
・ 政協霍林郭勒市委員会編 (2007)『霍林郭勒文史资料』第四輯、通遼市世紀印刷中心
・ 政協扎魯特旗委員会編 (2006)『扎魯特文史』第二輯、藍天複印社
・ 周星著 (1993)「西部現代工業的移入与拡散」潘乃谷、馬戎主編『辺区開発論著』北京大学出版社
・ 中華人民共和国国家統計局編 (2007)『中国統計年鑑 2007』中国統計出版社
・ 中華人民共和国国家統計局編 (2011)『中国統計年鑑 2011』(電子版) 中国統計出版社
・ 中共中央文献研究室編 (1999)『毛沢東文集』第六巻、人民出版社

■モンゴル文文献と欧文文献

・ Erdemtü nar(2003) “mongγul ündüsüten-ü teüke” tong liao-un surγan kümüǰil-ün keblel-ün qoriy-a
・ Bou zhi ming(1999)“qorčin-u mongγul tariyačin-u amidural” liao ning-

un ündüsüten-ü keblel-ün qoriy-a
- Bou・nasun(1993) "ǰirim-ün γaǰar-un ner-e-yin domuγ" öbür mongγul-un suyul-un keblel-ün qoriy-a
- Balǰinima nar(2007) "ǰaruud-un neretü kümüs" öbür mongγul-un suyul-un keblel-ün qoriy-a
- Bürinbayar nar(2005) "qorčin ǰang üile" öbür mongγul-un baγčud keüked-ün keblel-ün qoriy-a
- Bürintegüs(1997) "mongγul ǰang üile-yin nebterkei toli-aǰu aqui-yin bodi" öbür mongγul-un sinǰilekü uqaγan tegnig mergeǰil-ün keblel-ün qoriy-a
- Γa・sirebǰamsu(2006) "Γa・sirebǰamsu-yin ǰokiyal-un sungγumal"
- Dayiqin/Tana(2007) "tala-du onaγsan haira" öbür mongγul-un baγčud keüked-ün keblel-ün qoriy-a
- Dumdadu ulus-un ulus törü-yin ǰöblelgen-ü ǰirim aimaγ-un gesigüd-ün kural(1987) "ǰirim aimaγ-un suyul teüke-yin materiyal" ǰirim aimaγ-un ǰasaγ-yin ordon-u keblekü üiledbüri
- Temürǰab/erdeničoγtü/ (2004) "mongγul-un negüdelčin" öbür mongγul-un arad-un keblel-n qoriy-a
- ǰaγar/bayar nar(2001)"mongγul negüdel suyul-un teüken mürdel" öbür mongγul-un surγan kümüǰil-ün keblel-ün qoriy-a
- Bulag, Uradyn. E. (2010) Collaborative Nationalism: The Politics of Friendship on China's Mongolian Frontier.pp167~198.

■その他の参考文献

- 内蒙古自治区扎魯特旗档案館所蔵「牧区建設弁公室」
- 内蒙古自治区扎魯特旗档案館所蔵「アルクンドレン・ソム」
- 内蒙古自治区扎魯特旗档案館所蔵「ホーリンゴル・ソム」
- 内蒙古自治区扎魯特旗档案館所蔵「ウランハダ・ソム」
- 内蒙古自治区扎魯特旗档案館所蔵「ゲルチル・ソム」
- 内蒙古自治区扎魯特旗档案館所蔵「バヤルトホショー鎮」

- 『朝日新聞』1996年2月2日

- 『朝日新聞』2011年5月28〜31日、6月3日
- 『人民日報』1980年9月5日
- 『人民日報』1980年10月9日
- 『毎日新聞』2011年5月30日
- 『読売新聞』1997年2月18日

- ドブドンジャムソ　手書き『ハレジ村の歴史』2010年に入手

資料1　ホーリンゴル炭鉱の開発に対する周恩来総理の指示文書

国内动态清样

1975 年 6 月 8 日（第 1597 号）

吉林省和内蒙古交界处发现大煤田

新华社长春讯　在吉林省哲里木盟和内蒙古自治区锡林郭勒盟交界处，发现一座大型煤田。这个大型煤田是由两个相距 25 公里的吉林霍林河煤田和内蒙巴彦花煤田组成。总储量 260 亿吨，是我国最大煤田之一。

这座煤田是贫下中牧在 58 年报告的，1972 年以来，吉林组织大会战。已查明：煤田面积大、储量多、煤层厚、倾角缓、埋藏浅，适建大型露天。煤田长 60 公里，宽 9 公里，面积 540 平方公里，含煤 24 层，可采 10 层，可采厚度74.94 米，煤质好。设计规模，第一个露天年产 1 500 万吨，76 年做建矿准备工作，80 年投产。第二个露天 1 500 万吨与第一个露天交叉进行建设。85 年矿区规模 3 000万吨。

吉林已成立开发霍林河煤田领导小组做准备工作。铁道天津设计院、沈阳煤矿设计院、东北电力设计院分别开展了铁路线路方案，煤矿开采方案和大电厂选厂工作。

吉林分社记者　李德天

总理批示：

先念同志：此事如确，单靠吉林省动手太慢，规模太小，速度太缓，请查明，交计委议。

周恩来

一九七五年六月十日

交计委办。

李先念

一九七五年六月十二日

今强同志，请照总理批示，提出规模速度方案。

林乎加

一九七五年六月十二日

資料2　ホーリンゴル炭鉱の開発に関する国家計画委員会の文書

国家计划委员会文件

计计字（77）112号

关于霍林河露天煤矿和通辽至霍林河铁路计划任务书的复文

吉林省革委会、煤炭部、铁道部、水电部、一机部、铁道兵、基建工程兵办公室：

吉林省吉革发(1976)70号关于请批霍林河露天煤矿计划任务书的报告，燃化部（74）燃计字第765号关于开发吉林省霍林河露天煤矿的意见，煤炭部关于霍林河露天煤矿计划任务书的补充报告，铁道部关于通辽霍林河铁路设计任务书的报告均收到。现复如下：

一、霍林河露天煤矿的建设已列入“五五”计划（草案），并经中央和国务院领导同志批准。建设规模，第一期定为年产褐煤二千万吨，先建设一千万吨。第二期规模以后再定。开采工艺，并根据地质条件，尽可能采用轮斗挖掘机，皮带运输机，排土机连续生产的新工艺，主要设备可从国外成套引进，国内配套设备，请一机部根据露天矿的建设进度安排制造。

霍林河露天煤矿地处中蒙边境，是防止苏修进攻的战略要地，矿区建设必须立足于战备，生产人员要力求精干。工程建设中，安排必要的防卫措施，时刻准备打仗。

霍林河草原是哲里木盟的重要牧场，矿区建设要尽量少占牧场。占用的牧场，要分期分批逐步迁移，牧场迁建，要充分发动群众，发扬大寨精神，自力更生进行建设，矿区要积极给予支持。

資料2

矿区建设要以大庆为榜样，认真贯彻“五・七”指示，搞好农副业生产。要坚持“鞍钢宪法”和艰苦奋斗，勤俭建国的革命精神，把霍林河露天煤矿建设成为一个平战结合，工农（牧）结合，城乡结合的新型矿区和反修防修的前哨阵地。

矿区建设体制，遵照周总理生前批示“单靠吉林省动手太慢，规模太小，速度太缓”，确定以煤炭部为主。由煤炭部和吉林省双重领导，共同负责建设。

二、通辽至霍林河矿区铁路输送能力请按上述霍林河露天煤矿的规模考虑。线路走向，应照顾到电站的布点和吉林省考虑建设的水库。水库库址，水位等与铁路设计有关的问题，请吉林省与水电部尽快研究，提出意见。线路主要技术条件和运输组织等，同意铁道部设计任务中提出的原则。请铁道部抓紧于年内完成施工设计，由铁道兵负责施工，力争三年内建成。

三、有关电站的规模和厂址选择，按照合理布局和霍林河露天煤矿的建设规模，不与农（牧）业争水的原则，考虑采用六十万千瓦机组的可能，结合电站其它建厂条件，请水电部、一机部会同吉林省研究比较后，编制计划任务书报我委审批。

四、霍林河露天煤矿涉及到铁路、电力等几个方面的建设，请吉林省加强领导，统筹安排，各有关部门要大力协同，多快好省地完成这项建设任务。

中华人民共和国国家计划委员会

一九七七年五月三日

抄送：总参谋部、国家建委、财政部、吉林省计委

資料3 『人民日報』に掲載された雲曙碧などの内モンゴル選出の代表によるホーリンゴル炭鉱の開発と自主権を主張した意見

人民日報
RENMIN RIBAO
5

人。

内蒙古自治区代表云曙碧、杰尔格勒说

要尊重民族自治地区的自主权

云曙碧代表说：我国有55个少数民族，一般都分布在边疆、山区。给予这些地区特殊照顾，体现了党和国家对少数民族的关怀，但更重要的是应该给民族自治地区更多的自主权，根据他们自己的特点发展经济；只给些特殊照顾而不给自主权，也是发展不起来的。中央煤炭部门在内蒙古霍林河建设煤矿，把30万头牲畜赶出草场，随便占地又不给一分钱，牧民和牲畜吃什么？建矿的解放军还随便占地垦荒，破坏了大片的草场，影响军民团结，影响牧民生活，也影响了牧业生产的发展。

杰尔格勒代表说：其它省有自己的林管局，如吉林、黑龙江都有，唯独内蒙古没有。我们只希望和其它省平等，也应该有自己的林管局。山西大同每运出一吨煤中央补给2元，而内蒙古运出煤炭一分也不给，这怎么能叫平等？发展少数民族地区的经济，首先要搞好地方工业，而内蒙古许多地方只调出原料而不加工成品，很赔钱，比如煤炭、羊毛、皮张等等。呼盟扎赉诺尔煤矿，采煤赔钱，煤炭调给黑龙江省发电赚钱。昭盟元宝山电厂烧平庄煤矿的煤，发的电调走，税收却交辽宁省，这很不合理。希望国家在国民经济计划安排上，要体现出少数民族地区的资源能就地生产、就地加工，多用当地职工。

孟庆海代表根据鄂伦春旗的实际情况提出了四点要求：一、加格达奇、松岭两地区原归鄂旗管理，现在鄂旗划回内蒙古而加格达奇、松岭两地却没有划回来，要求中央能把这两地重新划回鄂旗领导。二、加格达奇地区有一个面粉加工厂，本来就是为了解决当地面粉加工问题而建的。现在归黑龙江省管辖，这个面粉厂只加工外省运来的小麦，本地小麦反而不加工了，我们只好把小麦运到外地去加工成面粉再运回来，这样每年国家损失370多万元的运输费，希望中央能把这个面粉厂划归我旗管理。三、我旗是林业区，现在我们只有保护森林的义务，却没有使用的权利，希望中央能解决我旗林权问题。四、我旗人口二十多万，盲目流入的就有二万七千多人，希望中央能明确规定，清理一些盲目流入的人员，减轻鄂旗负担。

資料４　炭鉱開発について『人民日報』に掲載されたホーリンゴル炭鉱の反論

人民日報

RENMIN RIBAO

1980年10月
9
星期四
庚申年九月初一
北京地区天气预报

安机关正在追捕的

来函照登

编辑同志：

你报9月5日刊登人大代表云曙碧的发言，谈到国家对民族自治地区只给些特殊照顾而不给自主权时，列举了这样的事实："中央煤炭部门在内蒙古霍林河建设煤矿，把80万头牲畜赶出草场，随便占地又不给一分钱，牧民和牲畜吃什么？"与实际不符。她所说的"80万头牲畜"，可能是指霍林河矿区周围哲里木盟扎鲁特旗所属的巴雅尔吐胡硕、乌兰哈达和格日朝鲁三个公社牲畜的总和而言。姑且不谈三个公社牲畜的总和是否有80万头，只说霍林河建矿四年来，上自煤炭工业部，下至霍林河矿区，从未做出过"把80万头牲畜赶出草场"的决定。相反，这三个公社都得到了草场的征用费用，至今依然在矿区周围放牧，牧包星罗棋布，牛羊遍地皆是。

遵照国家规定，到1979年末，霍林河矿区共偿付占用草场的费用110万元；1980年1至8月份，又偿付了50万元。几年来，根据矿区建设需要，征用草场23,773亩，共偿付了160万元。

霍林河矿区　朱义先　李育杰　王宝昌
白品文　温雪红　李其祥

資料5　ホーリンゴル炭鉱における第四十四支隊の廃止に関する国務院の返答文

国务院、中央军委关于
撤销基建工程兵第四十四支队的批复

（1981）5号

煤炭工业部、基建工程兵：

一九八一年三月六日请示悉。现批复如下：

一、根据国民经济调整的精神，同意撤销基建工程兵第四十四支队。

二、为有利于霍林河矿区的建设，除将四十四支队的四三二团缩编为一个土建营，由基建工程兵煤炭指挥部安排外，该支队所属其他单位人员，凡属工改兵的干部、战士、职工，全部就地转业为该矿职工；部队调入的医务干部和志愿兵留下转业到该矿区工作。以上所需三千三百零七名劳动指标，可专项解决。其余人员由基建工程兵煤炭指挥部调出安排或转业、退伍。

三、该支队的固定资产、流动资金、低值易耗品和债权债务等，如数移交矿区建设指挥部；粮秣被装、军用物资和兵种拨给的周转金以及应上缴的各项帐款，上缴基建工程兵；军械器材、武器弹药，该矿区战备需要适当留下部分外，其余全部上缴沈阳军区。

四、撤销该支队所需的各项经费开支均由煤炭工业部解决。

五、撤销该支队的工作要在五月底基本结束，具体实施办法由煤炭工业部和基建工程兵共同商定。要切实加强政治思想工作，充分肯定四十四支队组建后为霍林河矿区建设作出的贡献，教育指战员自觉服从调整的需要，做到留者安心，走者愉快。矿区建设指挥部和四十四支队都要认真做好交接工作。要加强组织领导，严格组织纪律，确保国家财产不受损失和撤销工作的顺利进行。

国 务 院
中央军委
一九八一年三月十九日

資料6　ホーリンゴル炭鉱が占有した牧草地の補償金に関するジャロード旗政府の報告

(44)

扎鲁特旗人民政府文件

扎政发（84）258号

★

扎鲁特旗人民政府

关于结算霍林河矿区占用草原补偿费的报告

煤炭部：

为霍林河矿区的开发，我旗广大牧民遵照党中央和国务院的指示精神，欣然离开了优质草原，以真诚的行动支援了矿区建设。但是从霍林河矿区开发以来，对占用的草原面积至今没有报请审批；草原补偿费和安置补助费至今无法结算；牧民搬迁和新牧业点建设等经费支出都得靠草原补偿费来解决。因此根据我国《草原管理法》、《城乡建设征用土地条例》的规定关于霍林河矿区占用我旗草原补偿费的问题报告如下：

一、占地面积，目前，霍林河矿区先后已占草牧场二百零九万四千多亩。其中三泡子到佳木斯台，矿区指挥部以北，以西，包括综合服务站、德伯特尔达巴等地，共有一百七十二万八千多亩。霍林河南岸，东岸（南广场和地方办旧址），共有三万多亩。这里不包括矿区和地方办私自开垦而且仍在开垦的

－1－

(45)

三千多亩草地。还有三泡子以南。即是东北起至佳木斯台向西南直奔阿钦、伊图塔等地。共占草原三十三万六千亩。如果三泡子以南列为第三矿区暂不开采。可以暂缓结算。但是另外两处应于近期结算。所以。我们仍坚持扎政发(1982)99号文件所定。第一步按一百八十万亩占地面积结算草原补偿费。

二、每亩年产草量的产值。霍林河畔草原是天然的优质草场。牧草浮生在煤田上层的土壤上。得以天然的肥料。加之常年雨雪充足。每逢大地回春后。牧草长势繁茂。均呈而密度又大。草的种类繁多。一把草能有二十多个品种。牲畜吃起来绵软可食。吃了一楂很快又长一楂。被誉为优质草原。在一九六四年。有关植物学家来霍林河考察时说。"这里的牧草质量是世界第一流的。它的营养价值超过美国的沙打旺"。基于上述多方因素和我旗历年资料。定为每亩年产草量五百斤。每斤草价值四分。每亩年产草量产值为二十元。

三、对草原补偿费的结算办法。根据内政发(1984)65号文件关于印发《内蒙古自治区国家建设征用土地实施办法》的通知第五条第一项条款"征用每亩草地的补偿标准。按该地平均每亩年产草量产值的五倍计算"的规定每亩草原补偿费为一百元。一百八十万亩草地。共折草原补偿费为一亿八千

=2=

万元。

又根据本办法第六条第二项规定“征用每亩草地的安置补助费，按该地平均每亩年产草量产值的三倍计算”的规定，每亩草地安置补助费为六十元。一百八十万亩草地，共折草原安置补助费为一亿零八百万元。草原补偿费和安置补助费两项合计为二亿八千八百万元。

对霍林河矿区所占草牧场及补偿费结算，我们总的要求是，一次规划，分期占用，纳入计划，按期拨款，分期建设。

此 报 告

一九八四年十一月二十六日

＝3＝

关于霍林河矿区、乌兰哈达、科右中旗边界
情况及工作的汇报：

据苏木党委、人民政府于本月10日召开会议着重研究了八五年下半年工作的安排计划，决定苏木全体人员分为两组：一组为本所在地工作，另一组八名由各方去，[illegible]日和1个同志等8人去霍林河乌兰哈达夏营地办公室工作，主要是保护边界草场、了解牧民情况等工作。

到霍林河夏营地工作人员于11日来到霍林河，得知，在我夏营地办公室东6—8华里地内来了一部分人员，安营扎寨，了解情况后，我们立即同旗民政局、王局长一起前去了解情况，他们回答是：铁道部十九工程公司的，是科右中旗的铁旗公社和[illegible]哲里木的批准同意到此放牧、种田的，并说这是中旗的地界。我们听后非常气愤，中旗欺人太深，他们已侵占了我们那么多的地，还一直入侵，而且还指出来，在我们的境内批准他人搞生产。我们要求向在此搞生产的负责人说明，这为本嘎查我们放牧、游牧的地方，你们想在这居住、搞生产，我们的广大牧民是决不同意的，并要求

第 1 页

621　82·11·

们在最快的时间内撤出，否则我们的牧民会有争取行动的，现在我们也向牧民们做工作，如果你们只听这一方，认为中旗已经批准你们到中旗解决的话，发生意外情况问题，我们一概不负。

此外，盟里已经规定过霍林河所在是以河为界，不能开地、种菜、种地，可是霍林河地区农牧林业局，说河以南也属霍林河所属，并批准林东、敖汉旗的10人，在我夏营地办公室西北约二华里外（是我们的牧点）开了三百多亩地种菜，我们知道后，立即前去向他们说明情况，并要求立即停工，还要在开的地里给种草，可是他们说：我们有介绍信：（内容是上述说的）是农牧林业局的局长批准的，我们说这是我们的牧场，农牧林业局没有权利批准，要求你们三天内撤出，可是他们不听而继续开地，因此，我们在第三天组织了我们的牧民，雇了一台汽车，和我们的干事，前去把他们的一切生产工具全部没收，并把房子也给拆了，并让他们去接告农牧林业局，我们决不能让某一个人在我们的草场上开地，同时要给种草。我们的这种做法得到了牧民的拥护，也给那些想在我境内搞生产的人们一个回答：历来就是我们的草牧场。

第　　页

621　82·11·

資料7

决不许破坏，这些的草牧场是我旗发展牧业的保障，我们都要保护。可是我旗的二轻局不给予支持，仅仅给外地林业等地的人开绿灯，批准在我夏营地办公室东北的，大半数开砂场，这一点我们太不理解了。我们认为现在如果是外地人有一只脚进入，那就会长期扎根，因此，我们不能让他们踏进一步。所以，我们把目前的情况向上级汇报，万望上级给我们做主，并给予支持和协助为盼，现在在中还在打仗，我们要做一些准备给他们一次狠狠的回击，我们是决不容外来打扰，和内部对外开绿灯。

特此汇报。

[illegible]苏木[illegible]林河小组

八五年五月十八日。

第

621　82·11·

資料8　ホーリンゴル市の成立に関する内モンゴル自治区政府の通知書

内蒙古自治区人民政府文件

内政发（1985）130 号

关于成立霍林郭勒市的通知

各盟行政公署、市人民政府，各旗县人民政府，自治区各委、厅、局，呼铁局、民航局、河西公司，各大厂矿、大专院校：

国务院已于一九八五年十一月九日，以（85）国函字 167 号批复我区，同意成立霍林郭勒市。现将有关事宜通知如下：

一、撤销哲里木盟霍林河办事处，设立霍林郭勒市，为旗县级，由哲里木盟领导。

二、新设霍林郭勒市行政区划面积定为五百八十五平方公里。其行政区域界线的走向是：西面以锡林郭勒、哲里木两盟边界的“六五”协议线为界，即从北端的 1 号界桩向南至 10 号界桩止（上段界线按“六五”协议线不变）；由 10 号界桩向东经三个诺尔、准莫斯特到希热庭北端的小山包转向北偏东经 1009.4高地至沙尔敖包特 1079.9 高地；由沙尔敖包特 1079.7 高地沿山脊到东北端经水文队东边、芒给尔特扎拉格北岸十字路口 869 高地向北到 851 高地；由 851 高地向东至 1015 高地，再向东北直线到巴润布尔嘎斯台郭勒河，由此顺河北上霍林河会合处；再顺霍林河至准布尔嘎斯台郭勒河会合处的通霍铁路桥（即九孔大桥），由此铁桥向西经沟塔 1020.7 高地接“六五”协议线 1 号界桩止。

三、新的市区划定后，市区内煤矿尚未开采占用的草牧场，允许扎鲁特旗的牧民继续放牧。对未划入市区的建筑工程，扎鲁特旗要加以保护。

四、霍林郭勒市成立后，哲盟公署要抓紧组织有关市、旗赴实地勘察划界竖桩，工作结束后，写出书面报告并附行政区划图（以解放军总参测绘局和国家测绘局新版地形图为据）一式三份，经盟公署报自治区人民政府备案，同时抄送自治区民政厅一份。

内蒙古自治区人民政府
一九八五年十二月二十八日

資料9　新設されたホーリンゴル・ソム各村の辺境線の決定に関するソム政府の文書

霍林郭勒苏木人民政府文件

霍政发〔1992〕9号

关于划定各嘎查边界的决定

嘎查：

根据一九八八年三月十三日苏木领导和各
查负责人到实地勘察并协商的结果，现将全
木各嘎查之间的边界划分决定印发给你们。
你们在各自的边界内安排好农牧业生产，并
没有永久性标记的地方设置永久性标志。以
免发日久，界线混淆，发生争执。

一、温都尔毅吉嘎查

从东北毅道木来达石头的山包起，向西沿
拉吐山脉到宝日呼吉大坝，折向南到绍格吐
南山顶，折向东沿阿尔班都冷苏木北边界线到
拉吐山顶；折向北路过嘎查乌拉东侧土路边

第 1 页

3060903×94.7

15×20＝300

21

山的高压线塔，沿昆都东小河继续向北，回收道木，此范围内是温都宗敖东的边界。

二、明嘎日吐嘎查

从朝鲁呼吐勒的西山坡向西南方向，沿军林场的北边界到查干朱京；再折向北到霍市热亨边界桩；折向东沿沙日敖沃得山顶到霍防火检查站；沿牧民高日奔家东北侧的土路至尾矿库大坝；折向西接朝鲁呼吐勒山。

三、哈拉嘎吐嘎查

从明嘎日吐查干朱京西侧向西南方向，沿军山林场边界到阿宗佈拉格敖宝，再到阿宗佈拉格河；折向北到阿宗佈拉格与霍林河的会合处，继续向北到霍市扎哈诺尔边界桩；折向东到霍市2号边界桩；再向东到明嘎日吐的西热亨山。

第 2 頁

3060903×94.7

15×20＝300

資料9

22

四、那仁宝力皋嘎查

从霍林河与西巴拉嘎斯台河的会合处起，向西南方向经过呼勃宝吐、东西巴拉嘎斯台中间的山脉、温都日大坝，到东海拉吐山顶；折向北沿温都尔敖吉东北侧的西巴拉斯台河，回到与霍林河的会合处。

五、白音敖宝吐嘎查

从霍林河与西巴拉嘎斯台河的会合处起，沿霍市边界拉向东到东巴拉嘎斯台去海拉斯台嘎查的边防通道口，折向南到乌力吉山；沿山向南经过敖宝吐山，到额斯莫拉大坝；折向西南沿敖本尔大坝到温都日大坝。

六、海拉斯台嘎查

从通霍铁路的孔孔桥起，沿霍林河向西南方向到阿门呼拉山；折向西到贺日格吐扎拉嘎

第 3 页

3060903×94.7

15×20=300

資料 9

白音敖宝吐戈查边界乌斯台扎拉戈的东山

七.乌力木吉戈查

从周门特拉山向东南方向沿扎右边界敖包向西到乌力木吉山石头砬子；折向北到额日吐扎拉戈。

八.哈日努拉戈查

从哈日努拉山向东南方向沿扎右边界敖包过榛子山到阿尔昆都冷与霍林郭勒苏木边界；折向东到佛鼓扎拉戈与阿其冷扎拉戈中间大山；折向北到半截子沟。半截子沟以北的哈日努拉与北阿其冷吐的边界，以1988年3月19日苏木的边界裁决书为准。

九.北阿其冷吐戈查

从佛鼓扎拉戈与阿其冷中间山脉的分水岭趋向东沿阿其冷大坝到老虎山；折向北到方向

第 4 页

3060903×94.7

15×20＝300

老母山分水岭到北阿其岭吐的扎右郡边界线

。

十苏木

1. 老板沟旧房苏木的边界：从霍布防火桥

头起，沿牧民高日合东北侧细砂场的土路向

北到宝音额格大坝；折向西南到朝日乌拉大坝

再向东南经过迪热尔大坝到班达日吐山分水

岭；折向东南到那仁宝力皋边界的垂石山包；

折向北到西巴拉嘎斯台河，沿河继续向北到那

仁宝力皋泉子。由此向西北到1015高地边界桩；

沿扎旗与霍布边界线向西北方向到霍布防火桥东

路。

2. 东巴拉嘎斯台的中砂场，以拖拉机开的

圈子为准，圈子内的旧房苏木所有；

3. 西巴拉嘎斯台东侧的石场房苏木所有；

第 5 頁

3060903×94.7

15×20＝300

4.苏木柳编场边界：西起云端乌[illegible]北沿霍林河南边霍林铁路，东到扎右边界，该范围内属苏木所有；

5.从哈日戈吐戈查西部边界线阿尔布拉格的南段沿罕山林场的北边界线向南到扎旗与阿旗的边界点；由此折向西北方向沿扎哈河边界到994高地，然后折向北沿扎旗与东乌旗的边界线到霍市与东乌旗的边界桩，折向东到[illegible]莉名。该范围内的草牧场，现在给予额鲁苏木放牧，暂不作分配；以后由苏木统一安排。

此决定

霍林郭勒苏木人民政府

一九九二年四月十[illegible]日

第 6 页

資料10　辺境紛争に対するジャロード旗政府の返答文

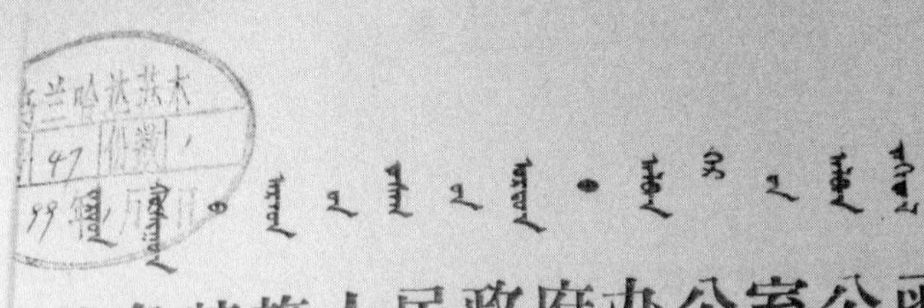

扎鲁特旗人民政府办公室公函

扎政办函发(1998)26号

关于边界纠纷的问题的答复

第一、二、十代表团全体代表：

你们在旗十一届人大六次会议上提出的“关于边界纠纷问题”的议案，已由旗人大办转给我办，现答复如下：

乌额格其嘎查与呼和哈达嘎查存在着边界争议问题。为解决该问题，今年5月5日，旗政府召集有关部门的负责人，深入实地，对两地边界问题进行研究，并达成一致意见，嘎亥图镇与乌额格其苏木领导人签订了乌额格其嘎查与呼和哈达嘎查边界协议书。　争议地段边界线定为由322.8高地起向东北经360.9高地直线至哈日敖瑞385.6高地，再由385.6高地直线至331.6高地的南侧约150米。

□音敖宝图嘎查草牧场承包落实困难，归根到底是霍林郭勒苏木白音敖宝图西南侧沙石场（当地称骆驼脖子，约27平方公里，现由乌兰哈达农牧民居住）归属问题没有彻底解决。对此问题，93年旗政府召开旗长常务会议

—1—

作出了决定：将乌兰哈达苏木的沙石场划给霍林郭勒苏木，再由霍林郭勒苏木给乌兰哈达苏木3万元补偿费，此决定印发了会议纪要。可是，由于霍林郭勒苏木财政困难，到现在未能兑现乌兰哈达苏木3万元补偿费，致使两个苏木之间沙石场归属问题没有得到解决。今年白音敖宝图嘎查在落实草牧场"双权一制"过程中，想要把沙石场也划在自己范围实行承包，但乌兰哈达苏木因未拿到3万元补偿费而不相让，导致白音敖宝图嘎查草牧场承包难。所以霍林郭勒苏木应按照旗长会议决定，想方设法兑现给乌兰哈达苏木的3万元补偿费，早日解决沙石场的归属问题。沙石场划归霍林郭勒苏木之后，东布日嘎苏台到沙石场的边界问题属于霍林郭勒苏木内部生产活动线，应由霍林郭勒苏木自己解决。

早在1986年，旗政府组织罕山林场与周边6个苏木乡镇进行协商，对罕山林场与周边6个苏木乡镇之间边界线作了明确规定，并下发了扎政发(1986)134号文件。1995年6月16日，旗政府又下发《关于对扎鲁特旗人民政府(1986)134号文件的补充通知》，作了必要的补充说明。因此，罕山林场与周边苏木乡镇之间的边界问题，一律要按照旗政府两个文件的规定来解决。罕山林场与阿日昆都楞苏木的边界问题，在1998年春季落实草牧场"双权一制"时，旗政府本着尊重历史，照顾现实的原则，将所有权为罕山林场的草牧场，承包给阿日昆都楞苏木的牧民使用，每年阿日昆都楞苏木给罕山林场一定

—2—

数量的草牧场使用费，经协商同意，旗政府以扎政发(1998)3号文件下发给罕山林场及毗邻苏木。最近，旗委政府又对罕山林场及北部牧区的各苏木乡镇做出了退耕还林还草的决定，使罕山林场的耕地由现在5万多亩，退到1万亩左右，保证北部牧区植被不受破坏。

此答复

一九九八年十二月三十日

抄送：旗人大办

扎鲁特旗人民政府办公室　　1998年12月30日印发

—3—

資料 11　環境汚染による家畜の被害状況を訴えた牧民の拇印入りの統計資料

阿日昆都楞鎮人民政府稿紙

[illegible]										
16	8	15	8	17	6	3	5	18	10	106
8	6	12	6	11	7	2	4	4	8	68
53	20	65	19	52	15	4	23	15	19	285
90	76	252	60	212	130	40	130	101	70	1161
30	88	178	70	351	57	22	55	78	40	973
130	26	305	10	78	80	20	115	19	27	810

[illegible]										
15	21	14	7	18	16		8	13		61
2		8	4		3		6	3		17
12	3	38	24	22	50		15	11		149
182	67	172	156	451	82		132	87		710
212	21	131	133	150	211		63	10		854
122	45	105	26		92		154	35		390

扎鲁特旗阿日昆都楞镇人民政府稿纸

[illegible]											
2009	49	25	13	23	49	31	10	7	57	35	299
2010	46	16	3	13	27	22	5	3	35	17	191
2009	290	85	94	220	112	136	179	45	246	356	1763
2010	75	11	38	110	28	82	85	21	96	148	694

[illegible]								
2009	37	28	35	35	51	30	18	65
2010	13	7	21	11	38	19	12	50
2009	108	131	98	98	237	178	80	750
2010	17	23	24	23	98	35	15	280

資料 12　環境汚染に対する通遼市政府の返答文

通辽市农牧业局文件

通农牧建提字 [2010] 32 号

对通辽市三届人大三次会议
第 058 号建议的答复

您好！您的《关于解决和支持雪灾、旱灾、疫情带来的牧民困难》已收悉，对您提出的问题结合当前实际情况现做如下答复：

一、关于北部牧区旱灾、雪灾对牧民生产生活影响问题

扎旗北部牧区如果遭到旱灾和雪灾的确给牧民生产生活带来困难和损失。其原因牧区的基础设施建设仍很薄弱，抵御和规避自然灾害的能力低；牧民的传统养畜思想没有彻底改变，多数牧民仍采取靠自然放牧粗放经营的生产方式。针对这一现状，近几年来市农牧部门一是狠抓草原建设和实施生态保护工程，到目前全市草原围栏面积达到 2840 万亩，其中扎旗围栏面积达到 925 万亩。二是狠抓人工种草，加强饲草料生产和贮

2010/

备，每年全市打贮草亿18.43亿斤，其中扎旗的打贮草达到3
亿斤，三是积极引导牧民走建设养畜、科学养畜的的路子。全
市每年人工种植各种牧草100万亩，其中扎旗达到15万多亩。
同时每年引导广大牧民开展永久性棚圈建设，推广高产牧草的
种植技术，推广饲草料加工技术，积极引导牧民尽快摆脱传统
畜牧业思想，树立科学养畜、现代畜牧业、效益畜牧业的新理
念。四是每年灾情发生以后，我们尽快派工作组进行灾情调研，
掌握灾情严重程度和损失状况等，尽快开展抗灾保畜工作，使
牧区农牧民的灾情损失控制到最低程度。

二、关于对于阿日混都冷苏木部分嘎查出现牛羊"长牙"
病状造成牛羊慢性死亡问题。2009 年初通过市动物疫病预防
控制中心接到扎鲁特旗动物疫病预防控制中心报告，扎鲁特旗
北部阿日坤都冷镇部分嘎查村发生较大数量不明原因牛羊慢
性死亡情况，我中心会同扎鲁特旗动物疫病预防控制中心业务
人员一起前往该地区调查。由于条件限制，我中心将采集的样
品送到内蒙古农业大学动物科学与医学学院临床检验中心检
验。采集的样品为患病羊骨、放牧场地牧草、土壤、水（报告
单附后）。检验报告单结果：骨氟值为 805.15 mg / kg—1751.00mg / kg；牧草氟值为 29.60 mg / kg—142.20 mg / kg；土壤氟值为 8.10 mg / kg—13.15 mg / kg；水氟值为 0.10 mg / kg—0.198 mg / kg 。与参考资料提供的数据比较来看，检测样本的氟值较高。综合流行病学调查、临床症状及检验报告单的结果，我们分析认为，当地环境中氟含量过高可能是导致扎鲁特旗阿日坤都冷地区牛羊大量慢性死亡的原因之一。

此答复，如有不妥，请指正。

2010年5月4日

索　引
(事項・地名・人名ともに五十音順)

ア行

カ行

サ行

タ行

ナ行

ハ行

マ行

ヤ行

ラ行

本書は2013年9月30日学位授与の滋賀県立大学大学院地域文化学研究科博士論文「中国少数民族地域における地下資源開発と地域社会の変動——内モンゴル自治区炭鉱都市ホーリンゴル市の建設過程を通して」を加筆・修正したものです。

包宝柱（BaoBaozhu）

中国内モンゴル自治区ジャロード旗生まれ。日本国滋賀県立大学人間文化学部地域文化学研究科博士後期課程を卒業。現在、内モンゴル民族大学モンゴル学学院講師、民族学専攻、博士（学術）。主な論文に「中国の生産建設兵団と内モンゴルにおける資源開発──内モンゴル新興都市ホーリンゴル市の建設過程を通して──」（『人間文化 31』滋賀県立大学人間文化学部研究報告、2012、後に『中国関係論説資料 55』（2015）に収録された）。「内モンゴル中部炭鉱都市ホーリンゴル市の建設過程における地域社会の再編──ジャロード旗北部のバヤンオボート村を中心に──」（『内モンゴル東部地域における定住と農耕化の足跡』、名古屋大学大学院文学研究科比較人文学研究室、2013）。「鉱山開発にあらがう＜防波堤村＞の誕生──中国内モンゴル自治区ホーリンゴル炭鉱の事例から」（『草原と鉱石──モンゴル・チベットにおける資源開発と環境問題』、明石書店、2015）などがある。

中国少数民族地域の資源開発と社会変動

──内モンゴル霍林郭勒（ホーリンゴル）市の事例研究──

（中国語書名）民族地区资源开发与社会变迁──以内蒙古霍林郭勒市的建设为例

（英語書名）Mining, Ethnicity and Communal Development:
A Case Study of Inner Mongolia's Mining City of Huulingol

平成 30 年（2018 年）5 月 10 日初版発行

定価：本体 3,600 円 + 税

著者　包宝柱

発行者　川端幸夫

発行所　集広舎
〒 812-0035　福岡市博多区中呉服町 5 番 23 号
電話 092-271-3767　FAX 092-272-2946
http://www.shukousha.com

装丁　design POOL

印刷・製本　モリモト印刷株式会社

落丁本、乱丁本はお取り替えいたします。

ISBN 978-4-904213-59-9　C3022